작은 정복자들

Metamorphosis
by Erica McAlister and Adrian Washbourne

Metamorphosis was published in England in 2024 by the Natural History Museum, London.
Copyright © The Trustees of the Natural History Museum
Korean translation copyright © Gombooks 2025
Korean translation rights are arranged with the Natural History Museum, London through AMO Agency, Korea.

이 책의 한국어판 저작권은 AMO 에이전시를 통해
저작권자와 독점 계약한 곰출판에 있습니다. 저작권법에 의해 한국 내에서 보호를 받는
저작물이므로 무단 전재와 무단 복제를 금합니다.

작은 정복자들

농업부터 인공지능까지,
세상을 움직이는
곤충의 놀라운 변신

에리카 맥앨리스터
에이드리언 워시번 지음
김아림 옮김

곰출판

일러두기

곤충명은 산림청 국가표준곤충목록(http://www.nature.go.kr/kini/SubIndex.do)을 따랐습니다.

내 이야기를 들어주고 내가 끼적인 글에 웃어준
나의 엄마에게 이 책을 바칩니다.
항상 최고가 되어주셔서 감사해요.

-에리카

차례

들어가는 말 9

01 점프하는 벼룩의 다리 23
02 힘센 주둥이 57
03 노랑초파리 87
04 변화하는 생애 주기 115
05 범인을 찾는 검정파리 147
06 나비의 눈부신 날개 175
07 궁극적인 재활용 211

08 나미브사막의 안개 수확꾼 239

09 꿀벌의 지능 267

10 바퀴벌레의 신경 293

맺음말 318

감사의 말 322

더 읽을거리 324

찾아보기 330

사진 출처 337

영국의 정원을 찾아들어 봄의 시작을 알리는 빌로오도재니등에(*Bombylius major* Linnaeus, 1758)는 우리에게 알려진 수백만에 이르는 곤충 종 가운데 하나일 뿐이다.

들어가는 말

인류보다 2억 배나 더 많은 곤충은 우리가 지구에 발자취를 남기기 훨씬 전부터 존재했고, 오늘날 이 화려하고 특별한 세상에 자리 잡았다. 어떤 사람에게는 곤충이 덤불 속에나 있을 법한 '소름 끼치는 꿈틀이'일 뿐이겠지만, 곤충학자에게는 훨씬 다양한 의미로 읽힌다. 이를테면 곤충들은 꽃가루받이(수분)를 비롯한 아주 많은 것들에 중요한 역할을 하는 지구의 생명줄인 것이다.

    곤충은 수천 년 동안 인간의 문화를 형성해왔다. 나방의 유충, 꿀을 따는 일벌들, 반시류(빈대 등 절지동물 곤충에 속하는 목)의 방어 메커니즘은 우리에게 실크와 왁스, 염료를 제공함으로써 인류가 발전하도록 도왔다. 또 곤충은 먼 옛날부터 우리 식단의 일부이기도 했다. '구석기식 다이어트'를 하는 사람이라면 떼 지어 이동하는 메뚜기를 우적우적 먹어본 경험이 있을 것이다. 물론 곤충들이 부정적인 측면, 즉 더러움이라든지 질병 전파에 중요한 역할을 한다는 것은 우리가 감수해야 할 부분이다. 하지만 이 작지만 강력한 생명체는 로봇 공학에서 유전학, 법의학에 이르기까지 놀라운 발견을 이끌어내며 농업과 진화, 의학, 우주항공, 인공지능, 생물 다양성을 비롯해 우리 자신에 대한 지식까지도 변화시켰다. 노랑초파리라는 종(種)은 지상에서, 더 나아가 이제는 우주 공간에서 인류가 스스로에 대한 지식을 쌓도록 돕는 중요한 실험 대상이 되었다. 여러 종의 딱정벌레는 인간이 사막 같은 척박한 터전에서 살아갈 가능성을 보여주었고, 수많은 바퀴벌레는 온갖 동물의 생리학에 대한 놀라운 사실을 밝혀냈다.

하지만 곤충이 우리에게 아주 작은 존재인 것처럼 곤충에 대한 우리의 지식 역시 아주 적다. 일단 우리는 곤충이 얼마나 많은지 모른다. 2022년 9월 기준으로 전 세계 포유류의 종 수는 6,495종이다. 이것은 꽤 인상적인 수치로 보일 수 있지만 곤충에 비하면 결코 그렇지 않다. 현재까지 보고된 곤충의 종 수는 약 100만 종으로, 실제 종 수는 약 500만에서 22억 종에 이를 것으로 추정된다. 이 범위가 엄청나긴 하지만 가장 보수적

들어가는 말

인 추정치를 취하더라도 여전히 우리에게 알려진 종 수는 매우 적다.

인간은 주변 환경을 이해하기 위해 세상 모든 것에 이름을 붙인다. 사람들이 이름 붙이는 방식은 거의 비슷하다. 영국인이라면 한 연구용 선박에 '보티 맥보트페이스'라는 이름을 붙인 사연을 듣고 누구든 입가에 미소를 지을 것이다('보티'는 보트에 'y'라는 지소형 접미사를 붙인 것이고, '맥'은 아일랜드나 스코틀랜드 이름에 종종 붙는다. 비록 적절한 이름이 아니라고 여겨져 결국 이 선박에는 'RSS 데이비스 애튼버러 경'이라는 정식 명칭이 붙었지만, '보티 맥보트페이스'라는 이름은 무인 수중 운송수단의 이미지로 영국 대중의 뇌리에 박혀 있다). 하지만 사람들이 이름을 사용한 이래로 이름은 줄곧 문제를 일으켰다.

이름을 붙이는 행위는 이전부터 있었다. '분류학(taxonomy)'은 명명법(이름을 붙이는 방식)을 다루는 과학 분야로, 'taxonomy'라는 단어는 '정리법'을 뜻하는 그리스어에서 비롯했으며 역사가 3,000년 전으로 거슬러 올라간다. 중국과 베트남의 민속 종교에서 농경을 발명하고(호미나 쟁기 같은 도구를 만들고 말의 오줌을 끓여 씨앗을 보존했다고 알려진) 약용 식물을 사용한 신화 속 중국 황제 신농(神農)은 사람들의 삶을 분류하고 정리하는 데에도 중요한 역할을 했다. 기원전 206년부터 이 지식은 《신농본초경》이라는 여러 권의 책자로 필사되었다. 이 책의 첫

신농과 그가 재배한 작물(1503년 곽허[郭詡]의 그림).

번째 권에는 인체에 무해한 120가지 약물이 실렸으며, 두 번째 권에는 인체에 유익한 120가지 성분이 실렸고, 마지막 권에는 인체에 해로운 125가지 약물이 실려 있다. 순서가 반대였어도 좋을 것 같기는 하지만 말이다!

이 책이 나오기 전인 기원전 400년경부터 인도의 의사이자 학자인 차라카(Charaka)는 중국과 인도 등지에 사는 동물을 '종'으로 분류했다. 차라카는 동물계를 네 개의 집단으로 나누었는데, 인간을 비롯해 태반을 가진 포유류(태반류)처럼 어미의 자궁에서 태어난 동물, 알에서 태어난 동물, 벌레나 모기처럼 습기와 열에 의해 태어난 동물, 식물성 물질에서 태어난 동

들어가는 말

물이 그것이다. 지금 우리 눈에는 우스워 보일 수 있지만 이것이 2,500년 전의 분류법이라는 걸 기억해야 한다!

하지만 100년 뒤 또 다른 힌두학자인 프라사스타파다(Prasastapada)가 무성(無性)과 유성(有性)이라는 두 개의 주요 범주로 동물을 나누는 새로운 방식을 개발했다. 후자는 새끼를 낳는 태생과 알을 낳는 난생으로 다시 나누었다. 다만 곤충을 분류할 때는 모든 것이 엉망진창으로 복잡해졌기에 기원후 100년경 힌두학자 수스투하(Sustuha)가 곤충을 셋으로 나누었다. 습기나 배설물, 부패한 사체에서 생겨난 크리미(krimi), 독을 가진 곤충이나 큰 전갈에 속하는 키타스(kitas), 개미나 모기, 각다귀를 비롯해 서로 비슷하게 생긴 피필리카스(pipilicas)가 그것이다. 실제로 곤충이 어떻게 '태어나는지' 인류가 이해하기까지는 오랜 시간이 걸렸다(이 책에서 주로 다룰 내용이다).

하지만 이러한 책이나 전통은 중세 시대가 되어서야 서양 세계에 알려졌다. 그전까지는 고대 그리스와 로마인들이 훨씬 더 중요하게 여겨졌다. 그리스의 아리스토텔레스(기원전 384~322)는 모든 생명체를 최초로 분류한 인물로 묘사되곤 한다. 비록 우리에게 알려진 것이 아주 적다는 사실을 고려하면 매우 대담하면서도 부정확한 분류이기는 하지만 말이다. 또 군인이자 작가, 박물학자였던 플리니우스(기원후 23~79)는 오늘날 최초의 과학 백과사전으로 알려진 저서 《박물지》(총 37권에 달하는)에서 많은 동물 종을 묘사했다.

 1500년대까지 전 세계 많은 사람들이 나름대로 동물을 명명하는 대열에 동참했다. 수많은 이름이 난립했고 일관성은 거의 없었다. 굳이 종을 설명하는 데 필요하지 않음에도 여러 개의 단어를 집어넣어서 지은 이름이 많았다. 예컨대 'Caryophyllum saxatilis folis gramineus umbellatis corymbis'라는 이름은 '우산 모양의 산방화서를 보이는 풀과 같은 잎을 가진, 바위에서 자라는 카리오필룸 식물'이라는 뜻이다. 생태적 특징에 대해 많이 알면 알수록 이름은 점점 더 길어졌다. 이런 식이면 사람 이름을 이렇게 바꿀 수도 있다. '현재 런던 남부에 살고 머리가 손질되어 있지 않으며 노래하는 목소리가 날카롭지만 뭔가 서툰 맥앨리스터 가문의 딸 에리카', '현재 잉글랜드 남부의 황야 지대에 살고 있으며 앞서 언급한 부류보다 머리숱은 적지만 아마도 목소리는 더 나은 워시번 가문의 아들 에이드리언'.

 점점 꼬이고 복잡해지지만 이렇게 긴 이름을 사용한다고 해서 큰 문제가 되는 건 아니다. 1623년 스위스의 식물학자 가스파드(또는 카스파르) 바우힌(Gaspard Bauhin, 1560~1624)의 저서 《삽화를 곁들인 식물에 대한 설명》에서는, 칼 린네(Carl Linnaeus, 1707~1778)가 고안한 포괄적인 체계와 크게 다르지 않은 방식으로 수천 종의 식물을 분류한다. 린네는 칼 폰 린네, 카롤루스 린나이우스, 카롤루스 아 린네로도 알려져 있는데, 이렇게 여러 이름을 갖는 건 앞서 언급한 사례에 비하면 오히려 평범한 편이다.

　린네는 획기적인 이명법(二名法, 생물의 학명을 속명과 종명으로 표기하고 명명자의 이름을 덧붙이는 체계 – 옮긴이) 체계로 과학계를 통합시켰다. 저서《자연의 체계》초판은 1736년에 출간되었지만 동물 명명법이 탄생한 건 1758년 10판 때부터다. 이런저런 혼란 속에서 린네의 연구는 차츰 안정을 찾기 시작했는데, 세계를 탐험하면서 지식의 집합체를 만들어내도록 북돋워준 방랑벽 덕분이었다. 린네는 고향인 스웨덴에서 시작해 라플란드, 프랑스, 영국 등지를 여행하며 다양한 종에 이름을 붙였다. 이때의 결과물은 현재 영국에 남아 있다. 영국의 식물학자 제임스 에드워드 스미스 경(Sir James Edward Smith, 1759~1828)이 다른 영국 과학자 조지프 뱅크스 경(Sir Joseph Banks, 1743~1820)의 추천을 받아 린네의 사후인 1784년에 부인 사라 리사(Sara Lisa)로부터 구입한 덕분이다.

　린네가 북해 전역을 떠돌아다니며 작성한 1만 4,000개의 표본과 책, 원고는 단돈 1,000기니(약간 올린 금액이다)에 팔려 나가 영국 런던 피카딜리 거리의 폭탄이 터져도 안전한 금고에 보관되어 있다. 이곳은 스미스가 설립한 런던 린네협회의 본거지이기도 하다. 비록 이 협회는 잘 알려져 있지 않고 심지어 과학자들 중에도 모르는 사람이 많지만, 우리가 세상을 분류하는

작은 정복자들

파리를 전문으로 연구하는 한 과학자가 행복한 표정으로,
칼 린네가 1758년 명명한 재니등에(재니등에과)의
기준 표본(린네협회의 금고에 보관된)을 바라보고 있다.

방식에 관심이 있는 사람들에게는 매우 중요한 의미를 지닌다. 이곳 금고에 보관된 표본들은 모든 분류학자들이 기존의 종을 확인하거나 새로운 종을 명명할 때 참조하는 표본으로 '기준 표본'이라 불린다.

이명법으로 명명된 종의 이름은 원래 라틴어였지만 지금은 상당수가 여러 언어의 혼합체를 띤다(단, 라틴어식으로 표기된다). 그리고 종의 이름 뒤에는 명명자의 성, 종명이 받아들여진 연도가 기재된다. 생명체와 마찬가지로 분류학도 항상 변화하기에, 어떤 속(屬)에도 속하지 않는 종들이 발견되면 다른 집단으로 이동하기도 한다. 이 과정은 괄호에 이름과 날짜를 넣어 표시한다.

그런데 약간 혼란스럽게도 동물학자와 식물학자들은 이 표기 방식이 다르다. 식물학자들은 명명자를 표기하는 표준화된 약어의 목록이 있으며, 어떤 종의 속명이 변경되면 이 작업을 수행한 사람의 이름이 표시된다. 예컨대 유럽참나무인 '*Quercus robur* L.'에서 'L.'은 린네를 뜻하며, 유럽졸참나무인 '*Quercus petraea* (Matt) Liebl.'은 마투슈카가 처음 종을 명명했지만 리블린이 나중에 참나무속으로 종을 옮겼다는 의미를 담고 있다.

분류학자들은 명명 체계를 계속해서 유지하고자 동물학자들은 '국제동물명명규약', 식물학자들은 '국제식물명명규약' 같은 일련의 규칙을 개발했으며, 동시에 종에 이름을 적용하는 유형화 원칙을 세웠다. 그에 따라 오늘날에는 종을 (이름을 부여할 자격을 갖춘) 1차 유형과 (이름을 부여할 자격을 갖추지 못했지만, 예컨대 같은 시간과 장소에서 채집되는 등 다른 여러 이유에서 가치가 있는) 2차 유형으로 나눈다. 이 책에서는 동물의 경우 이름과 날짜를 학명 뒤에 표기해, 얼마나 많은 사람들이 새로운 종을 명명하고자 금전적 대가 없이도 끊임없이 일하고 있는지 독자들에게 환기하고자 한다. 역사에는 이런 숱한 노력이 기록되지도 않은 채 숨겨져 있다.

 이 유명한 금고가 있는 린네협회에서 길을 따라 내려가면 런던 자연사 박물관에 소장된 훨씬 더 큰 규모의 컬렉션이 있다. 성스러운 벽 안쪽에 8,000만 개가 넘는 표본이 있는데, 그 중 약 3,400만 개가 곤충이다. 곤충 표본은 크기가 다양해서 가장 작은 말벌인 총채벌과의 *Dicopomorpha echmepterygis* Mockford, 1997은 크기가 마침표보다도 작은 0.127밀리미터이며, 가장 큰 표본인 대벌레과의 *Phobaeticus chani* (Bragg, 2008)은 길이가 567밀리미터에 이른다. 이 컬렉션은 제임스 쿡(James Cook, 이른바 쿡 선장)이 엔데버호를 타고 세계 일주를 하며 모은 표본을 포함해, 조지프 뱅크스의 컬렉션뿐만 아니라 작은 상자나 운모판 사이에 표본을 보관한 이보다 더 오래된 제임스 페티버(James Petiver, c.1663~1718)의 곤충 컬렉션을 포함하고 있어 여러모로 유명하다. 무엇보다 중요한 사실은 여기에 약 25만 개의 1차 유형 표본(2차 유형 표본이 제외된)으로 이루어진 가장 큰 규모의 기준 표본 컬렉션이 있다는 것이다.

 하지만 곤충은 단순한 이름이나 기능이 아니라 하나의 형태로서 의미가 있다. 곤충은 정말 놀랄 만치 다양한 형태를 보여준다. 곤충을 구별하는 데 도움이 되는 것은 바로 이런 다양한 형태다. 형태의 다양성 덕분에 곤충은 지구상 거의 모든 생태적 틈새(niche)에 발을 들여놓을 수 있었다. 곤충의 특별한

들어가는 말

다양성이야말로 이 책의 핵심이다.

사람들은 오랫동안 이 작은 생물을 들여다보며 관찰한 바를 기술하려 애썼지만, 최근에 와서야 곤충에 대해 여러 질문을 던지기 시작했다. 우리에게 잘 알려진 역사 속 인물들뿐 아니라 학술지 아카이브 속에 숨겨져 오랫동안 이름이 잊혔던 인물들은 우리가 이 작은 생명체의 세계에서 실제로 무슨 일이 벌어지고 있는지를 숙고하게 한다. 이런 모든 이들의 끈기야말로 가장 놀라운 발견을 이끌었으며, 종종 우리의 작은 형제들과 함께 지구에서 살아가는 데 도움이 될 만한 새로운 생물학적 영감을 주었다.

이제, 이 페이지를 넘겨 과학자들의 발견 여정과 그들이 애써 연구했던 대상이자 혁신적인 발전을 일으킨 곤충들에 대해 알아보자.

작은 상자마다 딱정벌레가 담겨 있는
'제임스 페티버 컬렉션'의 일부로,
런던 자연사 박물관에 소장되어 있다.

눈꺼풀 안에 도깨비바늘벼룩이 들어 있는 닭의 머리 표본.

01
점프하는 벼룩의 다리

**아담이
모두 가졌다**
-「벼룩들」, 오그던 내시(Ogden Nash)

자연의 온갖 생명체를 통틀어, 조그만 벼룩만큼 인상적인 운동선수는 없을 것이다. 날개도 없는 이 놀라운 생명체는 몸길이의 60배가 족히 넘는 거리를 점프할 수 있을 뿐만 아니라 반복적으로 점프해도 피곤을 느끼지 않는다. 예전에는 왕과 왕비부터 가장 가난한 사람들까지 모두의 잠자리를 성가시게 괴롭히는 곤충으로 알려진 이 작고 놀라운 벼룩이 과학자들에 의해 진정한 능력이 밝혀지기까지는 3세기가 걸렸다. 경이로운 점프 실력에 관한 벼룩의 세심한 연구는 인간을 대상으로 하는 의학부터 마이크로 로봇에 적용되는 멋진 공학에 이르기까지 다양한 응용 분야에 영감을 불어넣고 있다.

작은 정복자들

　벼룩에 대한 우리의 지식은 다양한 원천에서 비롯되었다. 런던 자연사 박물관의 내 책상 위에도 하나의 사례가 있다. 모두가 가지고 있을 법한 일상적인 물건을 나 역시 가지고 있는데, 휴대폰과 노트북, 현미경이 그렇다. 하지만 닭의 머리를 가진 사람은 드물 것이다. 유감스럽게도 누가 채집했는지는 알려지지 않았지만 말이다. 물론 나는 문명화된 사람이기 때문에 이 머리는 1907년 스리랑카에서 처음 채집되었을 때부터 안전하게 에탄올로 세척되어 근사한 밀폐 유리 용기에 담겨 있다. 하지만 내가 관심 있는 것은 닭의 머리가 아니다. 닭의 눈꺼풀에 좁쌀처럼 파묻혀 있는 수십 마리의 작고 매혹적인 벼룩들이다.

　도깨비바늘벼룩(*Echidnophaga gallinacea* (Westwood, 1875))이라 불리는 이 벼룩은 이름도 행동에 걸맞다. 이 종은 벼룩 중에서는 드문 편이다. 다른 벼룩들이 들키거나 제거되지 않으려고 숙주 위를 바쁘게 뛰어다니는 반면, 이 벼룩은 눈에 잘 띄지 않는 숙주의 눈 주위에 서식한다. 닭을 비롯한 조류들, 개, 심지어 가끔은 인간의 눈꺼풀 위에 사는 이 벼룩의 성체는 날카로운 부리나 발톱이 어딘가에 매달려 먹이를 먹는 데 적합하다. 이 종은 움직이지 않는 머리와 강력한 입을 갖고 있어 숙주의 눈꺼풀에 잘 박히며, 암컷의 경우는 영구적으로 단단히 자리 잡아 서식한다. 암컷 벼룩은 계속 그 자리에 머무르다가, 상

점프하는 벼룩의 다리

도깨비바늘벼룩 수십 마리가 닭의 눈 가장자리에 빼곡하게 모여 있다.

당한 힘을 가해 알을 몸 밖으로 발사해서 숙주의 몸에서 완전히 떨어져 나가도록 한다. 흥미로운 사실은, 이 종의 벼룩들은 성체가 되어도 점프하지 않으며 새끼 시절에만 살짝 폴짝거리며 뛰기 때문에 보통 벼룩들이 지닌 운동 능력을 거의 보여주지 않는다는 점이다. 나는 이 벼룩을 아주 좋아한다.

우리가 벼룩을 만나는 경우는 대체로 털이 부숭부숭한 사랑하는 반려동물을 통해서다. 내가 열심히 공부한 끝에 결국 곤충학자가 된 이유 중 하나는 어렸을 때 얻은 현미경 덕분이다. 학교에서 내버린 낡은 교육용 현미경이었는데 운 좋게도 내 손에 들어왔다. 어린 시절 나는 집 밖에서 뛰어놀며 자라난 터라 사랑하는 애완 염소가 있었고, 닭과 오리, 기러기, 토끼, 그리고 가끔은 기니피그도 키웠다. 물론 개나 고양이는 종류별로 다양하게 키웠다. 고양이들은 여기저기 돌아다니며 내게 선물을 가져다주었다. 그 가운데 구더기가 내 흥미를 끌었지만, 이것은 나중 이야기다.

고양이들은 몸에 벼룩을 달고 집에 들어오기도 했다. 그때마다 나는 벼룩을 잡으려고 애를 썼다. 하지만 벼룩이 마구 튀어 올랐기 때문에 허둥지둥했다. 벼룩은 정말 놀라운 생명체였다. 손바닥을 폈을 때 아무것도 없었던 걸 보면 아마 벼룩은 손가락 사이로 빠져나갔던 게 분명하다. 벼룩을 잡는 데 성공하면 투명한 상자에 넣어 기르며 현미경을 통해 관찰할 생각이었다. 그러면 렌즈 바로 아래에서 끊임없이 튀어 오르는 벼룩을 보면서 키득키득 웃거나 숨죽인 함성을 연달아 지르느라 즐거움이 끝이 없었을 것이다.

이 곤충은 도망치기 위해 날아가는 대신 주로 튀어 오른다. 날개 달린 곤충의 후손인 벼룩(벼룩목)은 파리류(파리목)나 밑들이(밑들이목)와 가까운 친척이며, 이 세 가지 목 사이의 관계는 오랫동안 논쟁의 대상이었다. 최근 영국 브리스틀대학교의 에릭 티헬카(Erik Tihelka)와 동료들의 연구에 따르면, 벼룩은 밑들이류의 직접적인 후손이라고 한다. 벼룩은 처음에 식물

점프하는 벼룩의 다리

의 즙을 빨아 먹으며 살았지만 약 2억 9,000만 년 전에서 1억 6,500만 년 전부터 보다 영양가 높은 숙주인 포유류를 맛보기 시작했고 이후에는 조류로 옮겨갔다. 이러한 변화와 함께 날아다니는 새를 따라잡기 위해 폭발적으로 빠르게 튀어 오르는 적응이 이루어졌다.

로버트 훅(Robert Hooke, 1635~1703)은 1665년에 펴낸 놀라운 책 《마이크로그라피아: 관찰과 탐구를 곁들이고 돋보기를 통해 이뤄진 작은 생명체들에 대한 생리학적인 묘사》에서 벼룩에 관해 쓰고 그림을 그렸다. 책에서 다루고 있는 대상에 비하면 꽤 긴 제목이다. 훅은 이 책에서 면밀한 관찰을 통해 벼룩의 다리에서 특별한 점을 발견했다.

"…벼룩은 다리를 짧게 접어 넣었다가 갑자기 펴내거나, 도해 34와 같이 전체 길이가 드러나게 쭉 펴면서 튀어 올랐다. 그 결과 도해 34의 A와 같이 앞다리가 B 안에 들어가고, B가 C에 들어가 서로 평행하게 나란히 머문다. 하지만 다음 두 부분은 양상이 꽤 달라 E가 없는 D와 F가 없는 E가 서로 평행하다. 그렇지만 뒷다리의 G, H, I는 두 번 구부러지는 자, 또는 사람의 발과 다리, 허벅지와 비슷한 방식으로 구부러져 있다. 이 여섯 개의 다리는 서로를 완벽하게 움켜잡으며, 모든 다리를 들어 올려 한 번에 힘을 발휘하며 점프한다."

이렇듯 벼룩의 환상적으로 탄력 있는 다리에 관해 자세히 로버트 훅의 벼룩 그림(도해 34).
벼룩이 어떻게 점프하는지 설명하기 위해
각 부위에 알파벳을 덧붙였다.

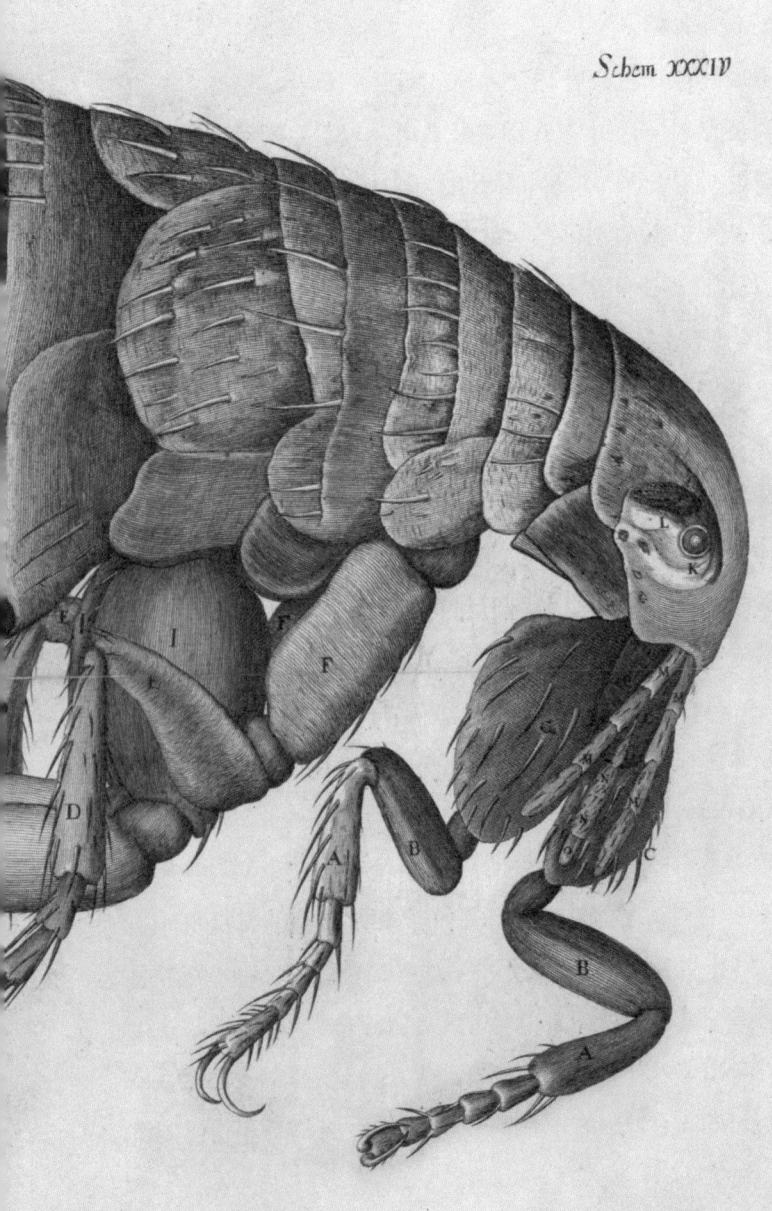

Schem XXXIV

관찰한 결과는 수백 년 전부터 사람들에게 널리 알려졌다. 그 덕분에 이 곤충이 점프 실력이 좋다는 사실은 상식이 되었다. 나는 어렸을 때, 벼룩이 사람 크기라면 영국 세인트폴 대성당을 뛰어넘을 수 있다는 이야기를 자주 듣곤 했다. 하지만 정말 그럴까? 생물학과 물리학의 여러 원리(곤충이 덩치가 커졌을 때 어떻게 몸을 움직이고 지탱하는지를 둘러싼 온갖 문제 등)를 무시하고 단순히 크기만 확대했을 때, 나의 고양이에게 붙어 있는 고양이벼룩(*Ctenocephalides felis* (Bouché, 1835))을 예로 한번 들어 보겠다. 몸길이가 보통 1.5밀리미터인 이 벼룩은 자기 키의 50배를 점프한다. 복잡한 과학 이론을 무시하고 단순히 계산하면 이 벼룩이 인간 크기일 때 대략 80미터를 점프하는 셈이다. 정말로 세인트폴 대성당을 뛰어넘을 수 있다!

하지만 어떻게 그게 가능할까? 여기에 대해 우리가 가진 통찰의 대부분은 영국의 저명한 박물학자인 미리엄 로스차일드(Miriam Rothschild, 1908~2005)로부터 시작된다. 그녀는 평생에 걸쳐 곡예를 부리는 이 곤충에 푹 빠져 있었다. 미리엄이 벼룩을 '다리로 날아다니는 곤충'이라 표현한 것은 꽤 유명하다. 그녀가 적절하게 지적했듯이, 날개에 모피를 두른 채 살아가는 건 쓸데없는 일이다. 로스차일드 가문은 은행업의 대명사였고, 미리엄의 아버지 너새니얼 찰스 로스차일드(Nathaniel Charles Rothschild, 1877~1923, '찰스'라고 불리던)는 이 가족 사업에 깊이 관여했다. 평생 단 하루도 일을 손에서 놓은 적이 없을 정도였다! 하지만 사실 찰스는 벼룩에 진심이었고 짧은 생애 동안 26만 개가 넘는 엄청난 벼룩 표본을 수집했다. 여기에는 기준 표본이 925개나 포함되어 있고, 최초로 발견된 종도 포함되어 있을 만큼 훌륭한 표본이다. 이 벼룩 표본은 1913년 런던 자연사 박물관에 무상으로 기증되었지만, 1923년 찰스가 사망하고 나서야 박물관 재산으로 등록되었다. 찰스의 유산이 얼마나 중요한지 아직 실감하지 못하는 사람을 위해 덧붙이자면, 이 컬렉션에는 지금껏 발견되어 명명된 모든 벼룩 종과 아종의 70퍼센트 이상이 포함되어 있다. '로스차일드 컬렉션'으로 불리는 이 수집품은 지금도 아름다운 캐비닛에 보관된 몇 안 되는 표본 가운데 하나이며, 담당 큐레이터인 나는 정말이지 이 컬렉션을 사랑한다.

찰스는 생전에 이곳저곳을 두루 여행했던 만큼 이 컬렉션이 아우르는 지리적 범위는 전 세계적이다. 그리고 이 컬렉션에는 한두 가지 별난 표본도 포함되어 있는데, 트링 자연사 박물관을 찾거나 내 책상에 들르면 1905년에 수집된 멕시코의 특이한 벼룩을 볼 수 있다. 스페인어로 '옷을 입은 벼룩들'이라는 뜻을 지닌 '풀가스 베스티다스(Pulgas Vestidas)'는 실제로 벼룩에 옷을 입힌 모습이라는 점에서 특이하다. 이 공예품은 멕시코 과나후아토의 수녀원에서 처음 만들어졌을 것으로

로스차일드 컬렉션. '큼직한 것들'을 비롯해 별종 표본들을 전시한 캐비닛.

추정되며, 근방 지역으로 퍼져나가 관광객용 장식품에 가까워졌을 것이다. 물론 벼룩에 실제로 옷을 입힌 것이 아니라 곤충의 머리에 작은 인체 모형을 붙인 작품이다. 1914년 1월 〈데일리 메일〉에서는 "런던 로스차일드 가문의 찰스 씨가 해달의 피부에서 이따금 발견되는 희귀한 벼룩의 한 별난 표본에 1,000파운드를 지불했다"는 기사를 낼 정도로 벼룩에 대한 찰스의 집착은 대단했다. 비록 그가 "어떤 종류의 벼룩에도 그런 금액을 지불한 적이 없다"고 답했지만 말이다. 하지만 찰스는 과학계에 새로 소개된 벼룩 500여 종을 수집하고 명명했으

1905년 멕시코에서 옷을 입은 벼룩의 모습으로 표현된 신랑과 신부.
벼룩의 머리 아래로 사람의 복장이 보인다.

며, 벼룩 종을 정확히 정의하고 동정(同定, 생물의 분류학상 소속과 명칭을 바르게 정하는 일 – 옮긴이)하는 데 대한 새로운 기준을 세웠다.

찰스는 유럽 중부와 동부에 걸친 카르파티아산맥을 돌아다니며 나비에 잠깐 한눈을 파는 동안 교제한 사촌 로즈시카 폰 베르트하임슈타인(Rozsika von Wertheimstein, 1870~1940)과 결혼해 영국 노샘프턴셔의 애슈턴 월드에서 네 아이를 낳아 키웠다. 부부의 첫 번째 아이인 미리엄 루이자 로스차일드는 어린 시절부터 박물학에 관심을 가졌다. 아버지가 자연보호운동의 선구자였던 만큼 자연스러운 결과였다. 나는 가끔 영국 케임브리지셔의 위켄 펜에서 파리류를 채집하곤 했는데, 찰스의 노력 덕분에 그곳이 영국 최초의 자연보호구역이자 현재는 내셔널트러스트에서 관리를 맡고 있기 때문이다. 그뿐만 아니라 찰스는 영국 시골 지역의 환경에도 관심을 가졌던 터라 1912년 런던 자연사 박물관에서 특별 회의를 주최하고, 이 회의를 발전시켜 자연보호구역진흥협회(SPNR)를 설립했으며, 그 공로로 1916년 조지 5세로부터 첫 번째 칙허장을 받았다. SPNR은 현재 영국 전역에서 2,300여 곳의 자연보호구역을 관리하는 왕립 야생동물 신탁 협회, 줄여서 '야생동물 신탁 협회'로 더 잘 알려진 단체다.

찰스는 런던 해로스쿨에서 교육을 받았지만 정규 교육이

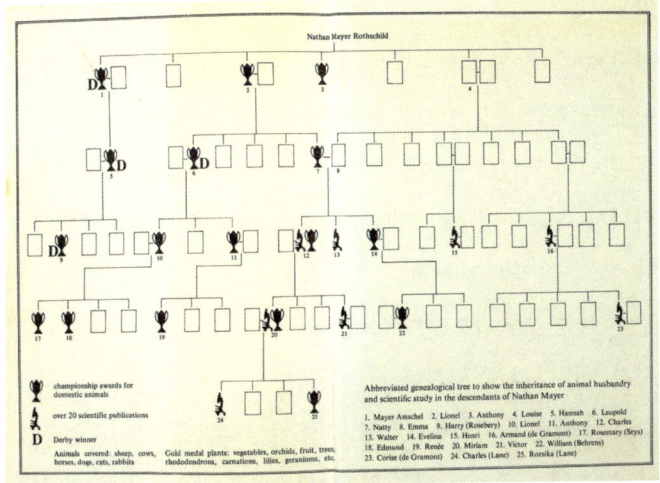

미리엄은 자신의 저서 《로스차일드 경에게》에
스포츠와 과학적 성취 모두를 즐긴 가족의 가계도를 그려 넣었다.

청소년들, 특히 똑똑한 소녀들의 마음을 '불구로 만든다'고 생각했기 때문에 딸 미리엄은 정원을 교실로, 집을 실험실로 삼으며 책과 주변 사람들, 세상을 선생님으로 삼도록 했다. 미리엄은 학교 교육을 받지 않았지만 8개나 되는 명예박사 학위를 취득하고, 벼룩에 관한 모든 분야에서 선도적인 권위자가 되었다. 그녀는 1995년 BBC와의 흔치 않은 인터뷰에서 이렇게 말했다. "벼룩이 꽤 사랑스럽지 않나요? 모두가 그들을 좋아하진 않지만 저는 벼룩을 아주 좋아합니다. 벼룩은 중간에 쉬지도

않고 3만 번이나 점프할 수 있는데, 이건 정말 엄청난 거예요." 이 곤충에 대한 애정이 뚝뚝 묻어나는 어조다. 미리엄은 300편이 넘는 과학 논문을 발표하고, 내셔널트러스트에서 최초의 여성 위원이 되었으며, 오늘날 영국 국립 자연사 박물관이 된 브리티시 자연사 박물관에서도 최초의 여성 신탁 관리자가 되었다. 또 나중에는 남동생과 함께 왕립학회의 회원이 되었는데, 두 사람은 오늘날까지도 이 업적을 달성한 유일한 남매다. 진정한 선구자라 할 법하다.

자연사 박물관에서 곤충 부문 담당자였을 때 미리엄을 만난 적이 있는 리처드 레인(Richard Lane) 박사의 회상에 따르면, 아버지의 훌륭한 벼룩 컬렉션을 정리해서 방대한 카탈로그를 작성한 일이야말로 미리엄이 처음으로 진정한 명성을 얻게 된 계기였다고 한다. 레인 박사는 이것이 단순히 이름을 나열한 목록이 아니라 벼룩 종에 대한 생물학적 지식, 역사, 분포와 관련한 온갖 정보를 종합한 결과물이었다고 강조했다. 미리엄은 두툼한 겨울용 장화와 멋지게 흘러내리는 드레스 차림으로 크리스마스 때마다 친구와 동료(레인 박사를 포함한)에게 대접하기 위해 꿩고기를 들고 박물관을 자주 방문했다.

미리엄의 아버지가 수집한 표본이 보관된 아름다운 캐비닛 옆에는, 미리엄의 연구 결과물이 그보다 더 많이 있다. 한쪽에는 알과 유충, 번데기라는 이름표가 붙어 있고 벼룩의 생활

점프하는 벼룩의 다리

사에 대한 미리엄의 진지한 연구가 있는 한편, 다른 한쪽에는 이름표에 적힌 내용이 그보다는 덜 학술적인 연구들이 자리하고 있다. 예컨대 어떤 것은 잘 분류되지 않는 표본이기라도 하듯 '잡동사니'라고 적혀 있다. 나는 그중에서도 평균치보다 약간 크거나 넓은 표본이 포함된 '큼직한 것들'을 제일 좋아한다. 생식기가 유별나게 큰 벼룩을 보관한 한 슬라이드에는 '별종'이라고 적혀 있다.

1960년대 중반까지 미리엄은 여러 가지 사실을 발견했는데, 그중에는 토끼에게 치명적인 병인 점액종증의 매개체인 토끼벼룩(*Spilopsyllus cuniculi* (Dale, 1878))의 생활사가 숙주의 성호르몬 주기에 의해 조절된다는 내용도 있다(무려 〈네이처〉에 실렸다). 이 벼룩은 자신의 번식 주기를 토끼의 출산 시기에 맞추었는데, 새끼 토끼가 태어난다는 것은 새끼 벼룩이 기생할 숙주가 더 많아진다는 뜻이기도 했기 때문이다.

하지만 미리엄이 가장 관심을 가진 주제는 이 벼룩의 점프 능력이었다. 토끼벼룩의 민첩성에 대해 관찰한 미리엄은 다음과 같이 근사하게 묘사했다. "이들은 그저 튀어 올라 이륙한 뒤 사라질 뿐이다." 벼룩의 다리는 대부분 평균적으로 3밀리미터에 불과한데, 이렇게 길이가 짧으면 지면을 박차고 나갈 에너지를 생성할 시간이 줄어든다. 그렇다면 이 작은 곤충들은 어떻게 이토록 놀라운 업적을 달성할 수 있을까?

작은 정복자들

사향땃쥐(*Crocidura deserti* (Schwann, 1906))에서
수집된 한 벼룩(*Xenopsylla phylloxera* Hopkins, 1949).

점프하는 벼룩의 다리

　미리엄은 로버트 훅의 초기 관찰을 바탕으로 평소다운 끈기를 발휘해서 벼룩을 여러 번에 걸쳐 복잡하게 해부한 끝에 이 곤충의 관절과 조직을 드러내는 자신만의 아름답고 상세한 그림을 그려냈다. 그리고 이후 1986년에 미리엄은 요세프 슐라인(Yosef Schlein) 교수와 이토 쇼스모(Ito Shosumo) 교수와 함께 《벼룩을 통해 밝힌 곤충 조직의 컬러 지도책》이라는 책을 펴냈다. 제목도 훌륭하지만, 벼룩의 질을 표지로 장식한 것이 인상적이었다. 이 표지 그림은 다리 근육을 포함해 벼룩의 모든 부위를 빠짐없이 나열한 화려한 개요서를 이끌어갈 대담한 전조였다. 하지만 미리엄은 벼룩의 점프에 대해 해명하려면 근육에만 국한해서는 안 된다고 주장했다. 벼룩의 점프는 빠르고 활기 넘치기 때문에 여기에 필요한 에너지는 근육 하나의 수축만으로는 생산할 수가 없다. 가장 빠른 단일 근육의 수축으로도 다리를 충분히 빠르게 움직이지 못한다. 게다가 벼룩은 온도가 올라가면 근육의 효율성이 떨어지는 경향이 있었다. 반면 추위에는 별 영향을 받지 않는 듯했는데, 수은주가 영하에 가깝게 내려가도 벼룩의 점프 능력이 크게 손상되지 않았기 때문이다.

　벼룩은 다른 곤충들이 비행할 때 사용하는 강력한 근육을 점프에 사용했는데, 이 근육은 몸통의 중간 부분인 가슴에 포함된다. 1975년, 미리엄은 요세프 슐라인과 공저한 논문에서 두 장의 멋진 도해(42~43쪽 그림 참고)를 활용해 열대쥐벼룩(*Xenopsylla cheopis* (Rothschild, 1903))의 점프 메커니즘을 설명했다. 이 종은 페스트를 일으키는 주된 매개체 중 하나로 지목되며, 미리엄의 아버지가 처음 명명한 종이기도 하다. 첫 번째 도해는 뒷가슴(가슴의 마지막 부위)과 뒤쪽 밑마디(다리와 가슴을 연결하는 마디) 부시상면(몸을 왼쪽과 오른쪽으로 가르는 면을 시상면이라 하고, 정확히 반으로 가르는 정중시상면 이외의 시상면을 부시상면 또는 주변시상면이라 한다—옮긴이)을 절개한 그림이다. 그리고 두 번째 도해는 뒷가슴과 뒤쪽 밑마디의 횡단면으로 힘줄과 근육을 강조해서 표시했다. 이 논문에서 두 저자는 거대한 뒤쪽 밑마디를 주목하면서, 다리 아래쪽으로 더 내려간 곳의 커다란 공기주머니를 중요하게 언급하는데, 이 주머니는 곤충이 비행하는 동안 부력을 더한다고 여겨진다. 이 생명체는 자신의 몸을 완벽하게 갈고 닦았다!

    이 복잡한 그림이 우리에게 알려주는 바는 다음과 같다. 첫째는 근육의 크기이고, 둘째는 흉막 아치라는 외골격 내부의 고도로 변형된 부위 안에서 레실린이라는 탄력 있는 단백질이 발견된다는 것이다. 고무와 비슷한 이 물질에 강력한 점프의 비밀이 숨겨져 있다. 영국 링컨대학교의 곤충 생체역학 전문가인 그레그 서턴(Greg Sutton) 박사는 에너지를 급작스럽게 방출하기에 앞서 레실린에 저장하는 것이야말로 벼룩이 힘찬 점프

점프하는 벼룩의 다리

를 할 수 있는 비결이라고 설명한다. 흉막 아치에는 벼룩이 흉곽의 판을 함께 맞물리게 고정해서 근육이 작용할 수 있도록 하는 고리와 말뚝, 걸쇠뿐만 아니라 내부가 두터워진 이랑이 존재한다. 이 장치는 매우 효율적인 점프 기계를 만든다. 벼룩은 먼저 다리를 제자리에 고정한 채 레실린에 에너지를 공급한다. 이렇게 탄성 에너지가 저장되면 벼룩은 근육만으로 할 수 있는 것보다 훨씬 빨리 스프링처럼 다리를 발사할 수 있다. 이것은 양궁에서 활을 사용해 화살을 발사하는 것과 역학적으로 동일하다. 근육은 멀리까지 화살을 쏠 정도로 충분한 에너지를 생성할 수 없다. 대신 탄력 있는 활을 늘려 에너지를 만들어낸다. 이제 시위를 당기면 활에 저장된 에너지를 훨씬 더 빠르게 화살에 돌려줄 수 있다.

나중에 밝혀진 바에 따르면, 튀어 오르는 벼룩이 생성하는 힘은 중력의 140배에 달할 만큼(보통 140g로 표기한다. 여기서 g는 중력을 뜻한다) 엄청나다. 이 힘이 어느 정도인지 실감하려면 여러분이 앉거나 누울 때의 중력이 1g라는 사실을 생각하면 된다. 이 힘이 4g까지 오르기만 해도 여러분에게는 문제가 발생한다. CNN의 수석 의학 기자 산제이 굽타(Sanjay Gupta) 박사는 인생 최초의 고속 질주를 경험하기 전에 이와 관련해 몇 가지 조사를 했다. 굽타 박사가 블로그에 자세히 게재한 바에 따르면 "의학적 관점에서 4g가 되면 우리는 일시적으로 앞이

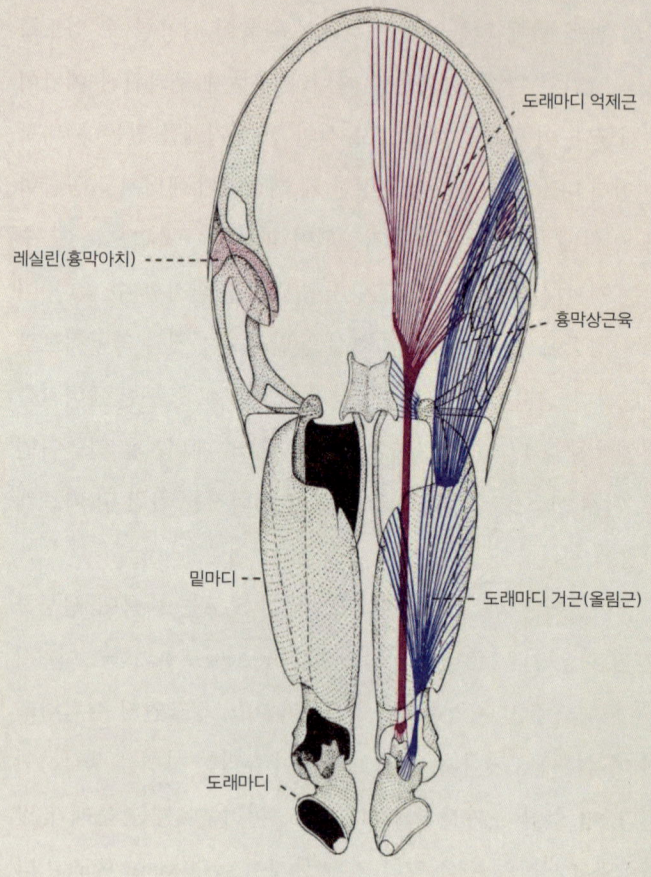

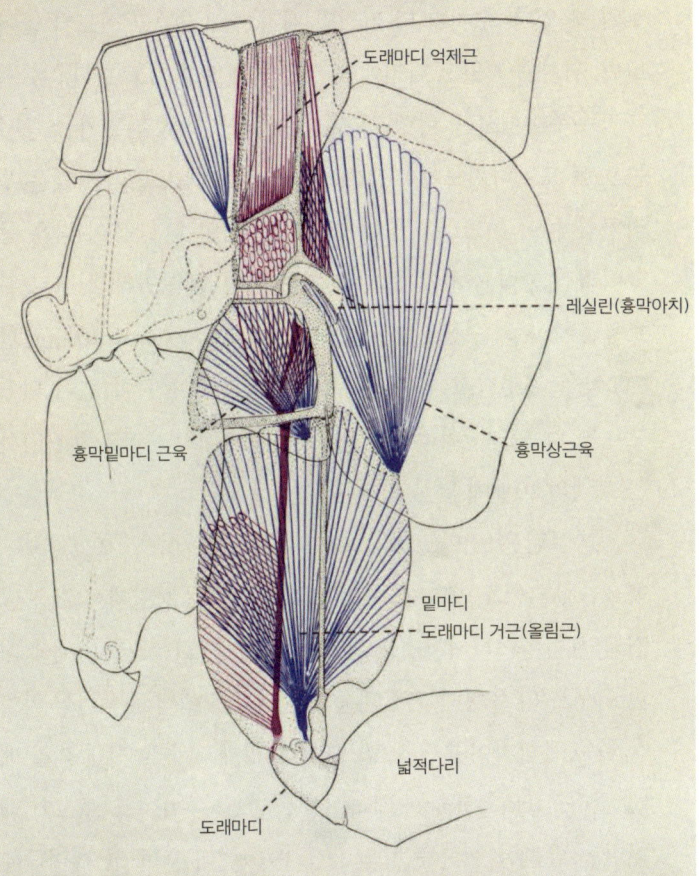

열대쥐벼룩이 점프하는 데 사용하는 주된 근육을 보여주는 단면들.
도래마디(다리의 두 번째 관절)와 도래마디 억제근이 붉은색으로 칠해져 있다.
거근, 흉막상근육, 흉막밑마디 근육은 푸른색으로 표시되어 있다.

보이지 않는 '그레이 아웃'을 겪고, 4.5g에 이르면 앞이 아예 안 보일 수 있다. 수치가 더 커지면 폐가 쭈그러들고 식도가 늘어나며, 위가 주저앉고 다리에 피가 심하게 고이기도 한다."

우주비행사는 비행 시 3g를 겪지만 몇몇 전투기 조종사는 9g에 도달하기도 한다. 16g 이상의 중력에 노출되는 것은 우리처럼 몸이 부드러운 종에게 치명타를 안긴다. 몸이 작은 동물이라면 중력 수치가 좀 더 커져도 견뎌낼 수 있다. 참고로 완보동물에 속하는 물곰(*Hypsibius dujardini* (Doyère, 1840))은 1만 6,000g를 견딘다고 한다. 다시 벼룩으로 돌아가 이 종이 튀어오르는 가속도는 미리엄에 따르면 지구 대기권으로 재진입하는 로켓의 20배에 달한다.

레실린은 덴마크의 동물학자 토켈 바이스-포그(Torkel Weis-Fogh, 1922~1975)에 의해 메뚜기의 날개 경첩에서 처음 발견되었다. 아이러니하게도 이 사실 덕분에 그는 곤충 비행에 대한 연구로 더 유명해졌다. 벼룩의 점프 연구에서 핵심적인 역할을 한 동물학자이자 옥스퍼드대학교 명예 교수를 지낸 헨리 베넷-클라크(Henry Bennet-Clark, 1934~2025)는 바이스-포그가 레실린을 발견한 소식을 처음 들은 1950년대 후반 한 세미나에 대해 매우 흥분된 목소리로 설명했다. 바이스-포그는 영국 케임브리지대학교에 재직하던 중 곤충의 외골격 바깥층의 주요 부분인 큐티클 안에 이 고무 같은 단백질이 존재한다는 사실을

점프하는 벼룩의 다리

알아냈다. 그는 이 단백질이 몇 주에 걸쳐 수억 번 늘어났다 줄어들어도 형태를 잃지 않고 유지한다는 사실을 보여주었다. 레실린은 기본적으로 매번 원래 모양으로 돌아가곤 했다.

베넷-클라크에 따르면, 레실린은 "근육에 대한 탄성 있는 스프링 길항 물질"이다. 1967년 그는 이 스프링이 벼룩의 점프에 사용되는 고속 투석기에 어떻게 동력을 공급하는지를 밝히는 논문을 공동으로 저술한 바 있다. 보다 최근에는 곤충 생체역학자인 그레그 서턴 박사가 이 스프링을 곤충이 조절하는 몸속 레실린 샌드위치(사실 샌드위치에는 여러 재료가 들어가지만)라고 설명하기도 했다. 이 샌드위치에서 레실린은 매우 억세고 질긴 키틴이라는 당류와 나란히 정렬되어 있다(만든 지 오래된 샌드위치인 듯하다). 키틴은 전문 용어로 표현하면 단백질-다당류 중합체인데, 이 다당류는 식물과 조류(藻類)의 세포벽에서 발견되는 셀룰로오스 다음으로 지구상에서 풍부하다. 그 구조는 셀룰로오스와 유사하지만 형태와 기능은 머리카락, 손발톱, 발굽의 구성 성분으로, 우리와 매우 친숙한 단백질인 케라틴과 비슷하다. 레실린은 매우 유연하며 변형이 쉽다. 키틴과 레실린이 샌드위치처럼 겹겹이 싸인 구조는 수백년 전 궁수가 사용하던 뿔과 나무로 만든 활과 비슷하다. 이런 구조 덕분에 활과 단백질은 둘 다 많은 에너지를 저장한다. 또 단백질과 당류가 만나는 구조 속에 스프링을 오랫동안 장전한 채 제자리에 고정할 수 있다. 그러면 스프링은 투입된 에너지의 거의 100퍼센트를 다시 튕겨낸다. 아마도 자연계에서 알려진 물질 가운데 가장 탄력이 좋을 것이다. 이러한 독특한 특성은 최근 곤충학의 영역을 훨씬 넘어선 곳에서도 주목받기 시작했다.

미국 델라웨어대학교에서 생체의학 엔지니어링을 가르치는 크리스티 키익(Kristi Kiick)은 지난 15년 동안 자신의 연구팀과 함께 생체의학의 다양한 응용 분야에 레실린을 적용하는 데 관심을 두었다. 레실린의 복원력에서 영감을 받은 키익 연구팀은 고무처럼 탄성이 좋은 이 놀라운 단백질을 직접 합성하는 데 성공했다. 이 연구팀의 목표는 레실린의 신장과 회복 능력을 모델링하고 모방해서, 사람 목의 성대처럼 정상적인 조건에서 고주파로 반복적인 변형을 겪으며 손상되는 부위를 재생하는 것이다.

키익 연구팀은 천연 레실린의 모든 이점을 갖춘 '레실린 유사 폴리펩타이드(RLP)'를 만들었다. 그리고 뚜렷한 모양을 형성하며 세포 접착력이 좋은 RLP를 바탕으로 한 하이드로겔을 개발했다. 이러한 물리적 하이드로겔은 인체와 호환되고 무독성일 뿐만 아니라 무엇보다 가역적인 탄성을 지녔기에 생체의학 응용 분야에서도 중요한 역할을 하고 있다. 현재 키익 연구팀은 일반적인 수준에서 체내의 손상된 조직과 완벽하게 일

점프하는 벼룩의 다리

치하도록 탄성의 정도를 변화시켜 수요가 많은 곳에 이렇게 합성된 레실린 단백질 하이드로겔을 주입하는 기술을 개발 중이다. 실제로 이 연구팀은 최근 심혈관 조직의 잠재적인 재료를 만들어냈다. 미래의 하이브리드 심장 판막은 어떤 모습일까? 이들에게 희망이 있다.

    나는 호기심 많은 곤충학자들의 발견 덕에 완전히 새로운 종류의 물질이 개발되었다는 이 이야기가 마음에 든다. 미리엄은 벼룩의 점프에 대한 한 가지 질문에 답을 찾았지만, 여전히 답을 찾지 못한 질문들도 있다. 벼룩은 복잡한 구조의 다리로 비스듬하게 튀어 오르는데, 이때 도약은 어떻게 하는 걸까? 스프링의 힘은 다리를 통해 지면으로 어떻게 전달될까? 벼룩이 이 폭발적인 에너지를 어떻게 활용하는지에 대한 답은 벼룩이 점프하는 속도와 방향을 제어하는 방법을 이해하는 열쇠가 될 것이다. 수십 년 동안 벼룩에 미친 연구자들을 사로잡은 주제도 바로 이것이었다.

    이와 관련해 1970년대 초까지 두 가지 가설이 등장했다. 로스차일드는 벼룩이 점프하기 위해 '도래마디'라는 무릎과 비슷한 관절을 통해 힘을 전달받는다고 주장했다. 반면 베넷-클라크는 벼룩이 '발목마디'라는 다리 끝의 발 모양 부위를 박차고 점프한다고 생각했다. 두 사람 모두 자신의 주장을 뒷받침하기 위해 당시 매우 초기 단계였던 고속 사진 기법을 활용했다. 이 기법은 사진 속에 시간을 고정하고 과학적 분석과 오락을 위해 이미지를 생생하게 재현한 괴짜로 악명 높은, 풍경과 움직임 전문 사진작가인 에드워드 제임스 마이브리지(Eadweard James Muybridge, 1830~1904)가 처음 사용한 기술이다. 영국 킹스턴어폰템스에서 태어나 원래는 '에드워드 머거리지'라는 이름을 사용한 그는 미국으로 이주한 뒤로 극적인 삶을 살았다. 중앙아메리카 구석구석을 여행하다가 마차 추락 사고로 심각한 머리 부상을 입는 한편, 나중에는 아내의 연인을 살해하고 도주하기도 했다.

마이브리지의 즉석 사진 기술은 움직임을 잘 포착했다. 그는 1870년대 후반부터 인간과 동물의 움직임을 연구하는 용도로 수천 장의 사진을 촬영했다. 그러던 중 마이브리지는 말이 전속력으로 달릴 때 네 다리가 모두 지면에서 떨어지는지를 알아내고자 영상으로 말의 움직임을 해독했다. 여기에 내기 판돈으로 2만 5,000달러가 걸렸다는 소문이 돌면서 그의 명성은 확고해졌다. 이 사진에는 더 빠른 말을 번식시키려는 미국 스탠퍼드대학교의 설립자이자 챔피언 경주마의 소유주인 릴런드 스탠퍼드(Leland Stanford)의 야심 찬 집착이 담겨 있었다. 스탠퍼드는 〈샌프란시스코 크로니클〉 잡지에 실린 이 내기를 위해 카메라와 트립 와이어 철사로 무장한 마이브리지에게 팔로알토에 있는 자신의 농장에서 말의 순간적인 움직임을 포착하도록 의뢰했다. 실제로 말은 달리는 동안 네 다리를 모두 땅에서 들어 올렸다. 하지만 몇몇 사람이 예상했던 대로 앞뒤로 쭉 뻗은 자세가 아니라 네 발을 모두 밑으로 집어넣은 자세였다.

로스차일드와 베넷-클라크는 그보다 훨씬 작은 동물의 점프를 포착하기 위해 같은 방식으로 사진을 활용했다. 점프 동작이 단 1밀리초밖에 지속되지 않는다는 점을 생각하면 결코 쉽지 않은 작업이었다. 우리가 눈을 한 번 깜박이는 시간이 100밀리초라는 점을 생각해보라. 두 사람은 각각 기계식 고속 카메라를 사용해서 거대한 필름을 걸어 엄청나게 빠른 속도로 장치를 작동한 다음 벼룩이 한 릴에 담기는 3초 안에 점프하기만을 간절히 바랐다. 당시 최첨단 기술이던 이 고속 필름을 사용한 결과 벼룩이 지면을 박차고 나가는 동작은 한두 프레임 정도였다.

베넷-클라크는 과학 영상의 선구자였던 에릭 루시(Eric Lucey)와 협력했는데, 루시는 1966년 BBC의 의뢰를 받아 최첨단 패스택스 고속 카메라를 사용해 초당 수천 프레임의 속도로 벼룩의 점프를 포착했다. 이후 1972년 로스차일드는 자신의 연구실에 벼룩이 올라갈 작은 피라미드를 설치했다. 벼룩이 피라미드 꼭대기에 앉아 있으면 카메라 조작자가 벼룩에 자세히 집중할 수 있기 때문이다. 하지만 벼룩이 제때 원하는 방향으로 점프하도록 유도해본 사람이라면 그것이 얼마나 어려운지 알 것이다. 해본 적이 없더라도 충분히 상상이 간다. 이처럼 영상 촬영을 거듭했음에도 답을 찾기는 어려웠다. 로스차일드와 베넷-클라크 모두 시작 자세에 대해서는 동의했다. 하지만 벼룩의 몸에 힘이 가해지는 1~2밀리초 사이를 깊숙이 파고 들어가 힘이 도래마디를 통하는지, 발목마디를 통하는지 알아낼 만큼 충분한 데이터를 얻지는 못했다.

    이 수수께끼가 풀리기까지는 40년이 걸렸다. 2011년 그레그 서턴 박사와 당시 서턴의 케임브리지대학교 동료였던 맬컴 버로스(Malcolm Burrows) 교수는 영국 에일스베리의 세인트 티기윙클 야생동물 신탁의 지원을 받아 고슴도치벼룩(*Archaeopsylla erinaceid* (Bouché, 1835)) 점프 동작의 생체역학적 특성에 대한 논문을 발표했다. 두 사람은 두 단계로 나누어 이 작업을 수행했다. 먼저 두 가설에 따른 속도와 가속도를 시뮬레이션하는 모델을 구축한 다음, 직접 점프하는 벼룩을 고속 촬영했다. 초당 1만 프레임을 촬영할 수 있을 만큼 카메라의 성능이 훨씬 나아진 상황이었다. 마침내 두 사람은 벼룩이 튀어 오르는 순간 발이 땅에 닿았다는 사실을 확인했다. 이 조그만 곤충은 가슴의 스프링에서 지렛대 역할을 하는 다리로 힘을 전달했고, 발목마디까지 힘을 밀어 내렸다. 그러고는 초속 1.9미터에 이르는 속도로 몸이 튕겨져 나갔다. 여기에 더해 서턴과 버로스

점프하는 벼룩의 다리

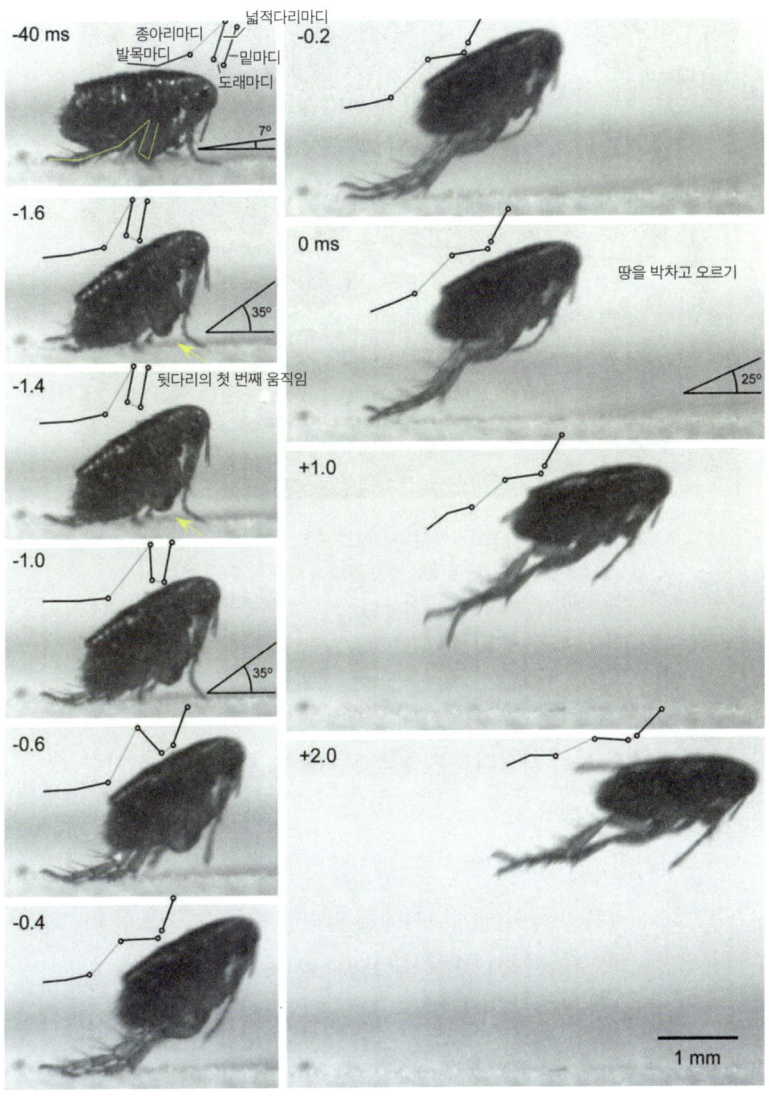

서턴 박사와 버로스 교수가 공저한 논문에 수록된 이미지로,
벼룩이 점프할 때 힘이 무릎과 비슷한 도래마디를 통해서 전달되는지,
발목마디(발)를 통해서 전달되는지 알아보고자 찍은 사진이다.

작은 정복자들

나뭇가지에서 점프하는 로봇.
버그브레이터 교수가 생명체에서 영감을 받아 만든 로봇 중 하나다.

는 넓적다리마디와 발목마디를 따라 나 있는 가시 덕분에 지면에 가해지는 힘이 커진다는 사실을 보여주는 주사 전자 현미경 이미지를 촬영했다.

이러한 모든 역학적인 특성을 십분 활용해 빠르게 몸을 추진하는 것은 벼룩이 엔지니어에게 알려줄 수 있는 중요한 비법 중 하나다. 비행하지 않고 바닥에서 몸이 솟구쳐서 장애물을 넘는 방식은 이제 차세대 마이크로 로봇이 점프하는 기본 원리가 되었다. 이 분야 연구자 가운데 미국 카네기멜론대학교의 기계공학자인 세라 버그브레이터(Sarah Bergbreiter) 교수가 있다. 전력과 제어 기능을 갖춘 쌀알만큼 작은 자율 점프 로봇을 개발 중인 그녀는 점프야말로 밀리미터 크기의 마이크로 로봇이 고르지 않은 표면에서 가장 효율적으로 이동하는 방식이라고 여긴다. 이러한 소형 로봇은 무궁무진한 잠재력을 가지고 있다. 사람이 접근하기 어려운 지역에서 저비용으로 무언가를 감지하거나 감시할 수 있고, 자연재해가 일어난 뒤 조심스럽게 잔해를 뒤져 수색과 구조 작업을 벌일 수도 있다. 이처럼 로봇이 할 수 있는 일은 한계가 없다.

생명체에서 영감을 받은 이 로봇은 벼룩과 마찬가지로 정확한 맞춤형 부품을 사용해 성능을 높이고, 점프에 필요한 에너지를 저장해 필요할 때 빠르게 방출한다. 이 작업은 결코 쉽지 않았다. 버그브레이터의 연구팀은 보다 큰 로봇을 대상으로 여러 재료를 시험한 끝에 단단한 실리콘(집적 회로를 만드는 데 사용하는 재료와 동일한)을 비롯해 레실린과 매우 비슷한 탄성을 가진 실리콘을 조합해 로봇의 크기를 줄였다. 사실상 이들은 스프링으로 작동하면서 서로 다른 단계로 동작이 분리되는 시스템을 만든 셈이다. 요약하자면 먼저 모터 같은 작동기(근육에 해당하는)가 탄성이 있는 부드러운 스프링에 에너지를 저장한 다음 연결 래치로 제자리에 고정한다. 래치를 제거하면 (역시 작동기에 의해) 에너지가 빠르게 방출된다. 이렇게 만들어진 마이크로 로봇은 고작 몇 밀리미터 크기로 30센티미터 이상을 점프할 수가 있다!

이제 연구자들은 로봇이 다양한 거리를 점프하도록 래치 해제 속도를 변경하는 등 프로토타입의 통제 방식을 개선하는 중이다. 래치 모터가 충분히 빠르고 강하면 로봇은 0에서 최대 점프 높이까지, 또는 스프링에 저장된 에너지에 따라 정해진 높이까지 모든 점프 거리를 소화할 수 있다. 벼룩의 몸과 마찬가지로 이를 가능하게 한 비법은 단단한 것과 부드러운 것의 조합이다.

지금껏 많은 사실이 알려졌지만, 이 작은 벼룩에 관한 복잡한 비밀의 전모는 아직 다 드러나지 않았다. 예컨대 이 벼룩이 어떻게 스프링을 제자리에 고정했다가 놓는지에 대해서는 여전히 밝혀진 게 없다. 다리의 가장 뒷부분을 어떻게 동시에 꺾는지도 알려지지 않았다. 여기서 벼룩이 작업을 정확하게 해내지 않는다면 몸이 엉망진창으로 뒤틀려 원하는 방향에서 벗어나게 될 것이다. 그렇기에 벼룩은 여전히 우리에게 들려줄 가치 있는 이야기가 많다. 말하자면 수천 년에 걸쳐 숙주 위에서 살기 좋도록 자신의 체형과 설계를 이상적으로 진화시킨 한 동물의 이야기처럼 말이다.

숙주가 크고 활동적일수록 벼룩의 점프 능력도 좋아진다. 누군가는 이 보잘것없는 생명체를 그저 해충이라 여기겠지만,

점점 더 많은 사실이 알려지면 누군가에게는 영감을 주는 존재가 될 수도 있다. 곤충이 종종 우리보다 먼저, 그리고 대부분의 경우 훨씬 더 대단한 일을 해왔다는 사실을 다시 한번 깨닫게 된다.

주홍박각시(*Deilephila elpenor* (Linnaeus, 1758))

02
힘센 주둥이

**철로 위 내 옆으로 박각싯과 나방이 활주로에 오른 제트기처럼
이륙을 위해 엔진을 부릉거렸다. 나방의 갈색 몸이 진동하고,
붉은색과 검은색이 섞인 날개가 떨리는 게 보였다.**
—애니 딜러드(작가)

런던 자연사 박물관의 소장품 가운데는 나비와 나방으로 이루어진 나비목 곤충들이 많다. 허튼소리가 아니고 정말 많다. 4층 전체를 통틀어 약 1,300만 마리를 소장하고 있으니 말이다. 특히 이들 중 일부가 얼마나 작은지 알면 더욱 놀랄 것이다. 이름에서 알 수 있듯 미소나방류는 놀랄 만큼 크기가 작은데, 그중에서도 멕시코의 한 종(*Stigmella maya* Stonis et al. 2013)은 날개 길이가 2.8밀리미터에 불과하다.

어쨌든 나비목은 126개 과에 걸쳐 18만 종(이 가운데 상당수는 앞선 나방보다 훨씬 크다)이 넘는 거대한 목이다. 빅토리아 시대의 곤충학자들이 아름다운 날개 패턴에 매료된 데다 동정

(분류)하기 쉬운 특성 덕분에 나비목은 이처럼 상당한 규모를 자랑한다. 하지만 조금 더 깊이 들어가보면('비늘을 들춰보면'이라고 말해야 할까?) 이 생물에게는 훨씬 더 많은 이야기가 숨겨져 있다. 우리가 이번에 영감을 받게 될 곤충들 역시 나비목에 속한 한 과인 박각시과이다.

내 생각에 이 나방들은 20세기에 활동한 미국 작가 애니 딜러드(Annie Dillard)가 표현한 것처럼 '작은 스텔스 폭격기'라든가 '제트기'와 닮았다. 하지만 나의 동료인 박각시과 전문가이언 키칭(Ian Kitching) 박사는 이 나방을 '곤충계의 스포츠카'라고 부른다. 나방들 가운데서도 단연 가장 날렵하고 화려하기 때문이다.

키칭 박사는 이 나방의 몸 크기와 독특한 날개 모양 사이의 진화적 균형에 관해 연구해왔다. 그는 35년 동안 박각시나방을 연구해 47개에 달하는 종과 아종을 처음 명명했으며, 수집품을 통해서나 현장에서 직접 이 나방에 대한 두 건의 종합적인 체크리스트를 작성했을 만큼 충분히 전문가다. 키칭은 이렇게 정리했다. "식물의 유혹적인 꿀샘 위를 둥둥 떠다니는 이 생물의 모습은 아름답다. 이 나방은 가느다란 실 같은 주둥이를 꽃 깊숙이 집어넣고 펼쳐서 꽃꿀을 최대한 빨리 빨아낸 다음 같은 속도와 정확성으로 다음 식물로 넘어간다."

그렇다면 우리는 이렇게나 놀라운 종을 어떻게 채집해서

힘센 주둥이

연구할 수 있을까? 나의 경우, 열대지방 현장 답사에 나서면 밤마다 채집용 시트(일반인이 보기에는 그저 침대 시트일 뿐이지만)를 걸어놓은 채 등을 켜고 와인 한 잔을 따른 다음 나방이 찾아오기를 기다린다. 나방 사냥꾼들은 이 종의 대부분이 야행성이며 광원과 시트 한 장이면 채집할 수 있다는 사실을 다행이라고 여긴다.

전 세계적으로 박각시나방은 1,700종이 넘는다. 이 나방은 아주 빠르게 곡예를 할 만큼 비행 실력이 좋다. 대부분의 사람들은 공중에 둥둥 떠 있는 이 종을 처음에는 알아보지 못하더라도 이미 마주친 적이 있을 것이다. 북아메리카의 박각시나방과 혼동하기 쉬운 꼬리박각시(*Macroglossum stellatarum* (Linnaeus, 1758))는 유럽과 아시아 전역에서 발견되는데, 영어권의 일반명인 '벌새 나방'은 벌새를 꼭 닮았다고 해서 붙여진 이름이다. 벌새와 마찬가지로 이 종은 식물 근처를 맴돌며 입 부분이 길게 늘어난 길쭉한 주둥이를 꽃의 기다란 관에 넣어 탐사해 깊숙한 곳에 자리한 꽃꿀을 보상으로 얻는다. 식물은 동물들이 자신의 수술에서 다른 식물의 암술머리로 꽃가루를 옮기도록 꽃꿀을 뇌물로 바쳐 유도한다.

상당수의 꽃들이 이러한 방식으로 곤충을 유혹하는데, 특히 난초과 식물들은 이 야행성 방문객들에게 친밀한 호감을 보인다. 난초과 식물은 나비목과 마찬가지로 자연사 애호가들의

보르네오섬에서 나의 동료인 알레산드로 귀스티가 광원으로 덫을 만들어 나방을 채집하고 있다.

가슴을 열렬히 뛰게 하는 대상이다. 이 식물은 남극을 제외한 모든 대륙에 걸쳐 2만 6,000여 종이 서식한다. 종 수가 꽤 많아서 오늘날까지 알려진 관다발식물(식물의 대부분을 차지하는, 물과 양분을 전달하는 특수한 조직을 가진 식물)의 8퍼센트에 달한다. 인류는 오래전부터 난초에 매료되었다. 중국의 사상가 공자(기원전 551~479)는 난초의 훌륭한 향에 대해 시로 썼으며, 그 밖에도 많은 사람이 독특한 생김새를 지닌 이 식물을 소중히 여겼다.

 난초과 식물은 정말 특이하게 생겼다. 벌거벗은 사람처럼 생긴 오르키스 이탈리카(*Orchis italica* Poiret, 1799)라든가, 천사처럼 생긴 코일로지네 크리스타타(*Coelogyne cristata* Lindl. (1824))를 보면 단박에 알 수 있다. 빅토리아시대 사람들이 어째서 난초를 유혹과 강하게 연관시켰는지 말이다. 서반구에서 가장 일찌감치 난초에 대해 기록한 사람은 아리스토텔레스의 제자이자 식물학의 아버지로 불리는 테오프라스토스(기원전 371~287년경)이다. 그의 저서 《식물학의 탐구》에는 난초가 가졌다고 여겨지는 힘에 대한 여러 독창적인 주장과 설화가 담겨 있다.

 누구나 잘 아는 영국의 박물학자 찰스 다윈(Charles Darwin, 1809~1882) 역시 난초를 몹시 좋아했다. 다윈은 나방처럼 이 꽃에 끌렸다. 사람들은 보통 다윈을 식물학자라고 생각하지

공중에 둥둥 떠 있는 박각시나방.
긴 주둥이가 특징이다.

않지만, 엄청난 화제를 몰고 온《종의 기원》을 출간한 지 불과 몇 년 뒤인 1862년, 그는 이 귀중한 식물에 대한 다소 전문적인 저서를 발표했다. 영국 서식스대학교의 과학사학자이자 2016년에《난초의 문화사》를 펴낸 짐 엔더스비(Jim Endersby) 교수는 다윈이 난초에 관심을 갖게 된 계기가 그가 살던 켄트의 다운 하우스에 난초가 자생했기 때문이라고 추정한다. 그레고어 멘델(Gregor Mendel, 1822~1884)이 완두콩, 로버트 훅이 벼룩에 대해 그랬던 것처럼, 다윈 또한 주변 환경에서 영감을 받았다. 그리고 다윈은 주변을 관찰하면서 자연 세계에 대해, 특히 무엇이 진화를 이끄는지를 이해하려고 애썼다.

다윈은 자연선택에 의한 진화를 연구해 현대 생물학의 문을 연 공로를 인정받고 있다. 자연선택이란 돌연변이에 따라 유기체의 유전자에 나타난 작은 변화가 때때로 표현형, 즉 외적인 생김새에 좀 더 유리한 변화를 일으켜 새로운 생태적 틈새를 활용하거나, 보다 적응도가 높은(과학 용어를 사용하자면) 파트너와 짝짓기하는 데 도움을 준다는 개념이다. 물론 다윈이 살던 시대에는 이 유전적인 메커니즘이 전혀 알려지지 않았기 때문에 그가 진화에 관한 아이디어를 제대로 이해했다는 것은 그 자체로 놀라운 일이었다. 다윈은 항상 자신의 이론이 단순한 공론에 그치지 않는다는 사실을 증명하고자 끊임없이 새로운 사례를 찾았다. 난초, 특히 이 식물과 박각시나방과의 관계가 이 대목에서 등장한다.

다윈이 쓴 '난초 책(《영국과 외국의 난초가 곤충에 의해 수분이 이루어지는 다양한 장치, 그리고 이종교배의 바람직한 결과들》)'은 비록 제목은 장황하지만 깔끔하고 훌륭한 연구 결과를 담고 있다. 어린아이 같은 경이에 찬 구절로 가득한 이 책은, 독자들에게 효과적으로 수분을 수행하기 위한 방식과 관련해 난초의 역할을 곰곰이 생각해보라고 격려하는 한편, 비(非)인간의 관점에서 세상을 유쾌하게 바라볼 수 있도록 우리를 이끈다. 오늘날에도 박각시나방의 솜씨 좋은 수분 기술, 그리고 꽃과 나방의 행동을 관찰한 다윈의 즐거운 접근 방식은 여전히 흥미를 자아낸다.

런던 자연사 박물관의 키칭 박사는 박각시나방이 부들레야속 식물의 꿀샘에 터무니없이 긴 주둥이를 집어넣는 방식을 재현하는 것이 얼마나 어려운 일인지에 대해 종종 이야기한다. 나방의 주둥이는 강모처럼 얇고 길지만, 동일한 식물에 대해 한 번이 아니라 여러 번 정확하게 목표를 달성했다. 키칭 박사도 복제품을 만들어 따라 해보았지만 실패로 돌아갔다.

다윈은 자신의 주장에 대해 여러 회의론자들을 설득시키고자 진화가 작동하는 방식을 설명해야 했는데, 그 사례로 이 나방의 주둥이가 난초의 내부에 들어맞도록 설계되었다는 자체가 이들이 함께 진화했다는 증거라고 주장했다. 그 덕분에

힘센 주둥이

'난초 책'은 어느 정도 성공을 거두었다. 1859년에 펴낸《종의 기원》을 통해 다윈은 생물의 세계에서 볼 수 있는 다양한 적응에 관해 설명했지만, 역시 믿지 못하고 의심하는 사람들이 꽤 많았다. 그중에서도 가장 소리 높여 적대적으로 공격한 사람 중 하나가 바로 내가 소속해 있는 런던 자연사 박물관의 설립자 리처드 오언(Richard Owen, 1804~1892) 경이었다. 그 자신도 당대의 선구적인 비교해부학자였음에도 거리낌 없이 다윈을 무시했다. 다윈이 "예전에는 그를 지나치게 미워하는 것이 부끄러웠지만 이제는 인생 마지막 날까지 나의 증오와 경멸을 소중히 간직하겠다"라고 썼을 정도였다. 다윈에게는 안 된 일이었지만 오언의 영향력은 꽤 컸다. 그러다 20세기 초 들어와서 완두콩의 유전에 관한 멘델의 연구가 재발견되면서 유전자의 기본 개념과 그것이 유전에서 어떤 역할을 하는지가 점차 알려졌고, 다윈의 이론도 받아들여지기 시작했다.

다윈의 '난초 책'을 펼치면 다양한 난초에 대해 정보가 가득 찬 장들이 나온다. 다윈에 따르면 카타세툼속(*Catasetum* Rich. ex Kunth)이야말로 "가장 주목할 만한 난초"였는데, 그 이유는 먹이를 찾는 곤충이 식물의 평평한 받침에 착륙하면서 화분괴라고 알려진 화분 주머니가 곤충의 등에 부딪히는 반응을 촉발하기 때문이다. 이 충격에 따른 힘이 곤충의 등에 화분 주머니를 박아 넣고, 아래쪽에 끈적한 판이 있어 달라붙은 채 떨어지

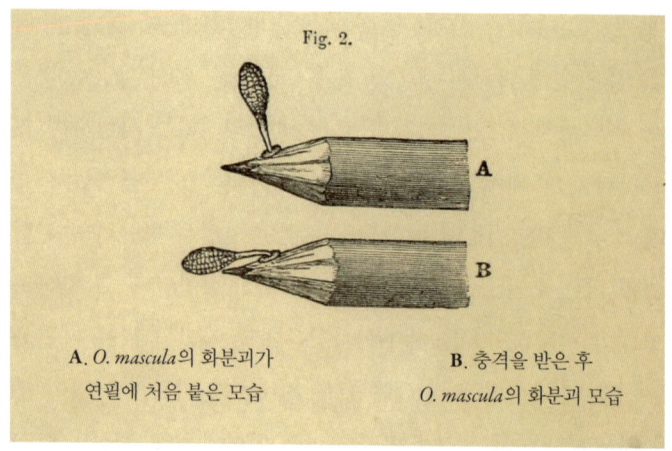

A. *O. mascula*의 화분괴가
연필에 처음 붙은 모습

B. 충격을 받은 후
*O. mascula*의 화분괴 모습

난초과의 한 종인 *Orchis mascula* (L.) L.의
화분괴와 화분낭이 연필에 붙어 있는 모습이다.
화분낭에서 수분이 빠져 다른 식물의 암술머리에 완벽하게 맞는
똑바로 선 모양이 되기까지 30초면 충분하다.

지 않게 한다. 난초와 이 식물의 곤충 수송자에 대한 연구에 몰두하던 다윈은 이렇게 말했다. "난초가 수분되는 장치는 동물계에서 볼 수 있는 가장 아름다운 적응 못지않게 다양하고 거의 완벽에 가깝다."

난초는 자신과 맞는 수분 매개자를 확보하고 끌어들이기 위해 놀라운 형태학적 변이를 진화시켰다. 다윈은 특정 곤충이 특정 난초를 전담으로 하는 경우가 대다수이며, 그에 따라 많은 난초가 특정 곤충에 의해서만 수분된다는 사실을 발견했다.

예컨대 자물쇠에 해당하는 카타세툼속 난초에는 난초벌이라 불리는 에우글로시니 족(tribe Euglossini)의 커다란 벌이 딱 맞는 열쇠였다. 이런 친밀한 관계는 '모든 알(또는 유충)을 한 바구니에 넣는' 위험천만한 전략처럼 보일 수도 있다. 하지만 적어도 단기적으로는 곤충이 꽃꿀을 두고 경쟁하지 않아도 되고 같은 식물 종에 화분을 전달할 가능성이 보다 높아진다. 그 결과 난초는 맞지 않는 다른 종의 식물에 화분을 낭비하지 않아도 돼서 수분이 훨씬 효율적으로 이루어졌다.

다윈이 곤충과 꽃의 관계에 관심을 갖게 된 계기는 1862년 1월 영국의 부유한 난초 수집가인 제임스 베이트먼(James Bateman, 1811~1897)으로부터 예상치 못한 흥미로운 편지와 소포를 받으면서다. 랭커셔에서 태어나 옥스퍼드대학교에서 공부한 베이트먼은 증기, 석탄, 철로 돈을 번 부유한 사업가 집안의 아들이었다. 한편으로 베이트먼은 희귀한 난초에 대해 평생 열정을 가진 지주이자 원예가로, 19세기 유럽을 사로잡은 난초 광풍이 불 때 어마어마한 기념물을 만들었다. 난초에 관한 가장 비싸고 호사스러운 책을 집필한 것이다. 멕시코와 과테말라의 난초를 다룬 이 책은 심지어 본문 안에서도 "사서의 악몽"으로 묘사된다. 유명 삽화가인 조지 크루이크섕크(George Cruikshank)가 도르래로 무장한 일꾼들이 이 무거운 책을 사람들에게 읽히려고 낑낑대며 똑바로 들어 올리는 모습을 그려 넣

멕시코와 과테말라의 난초를 다룬 제임스 베이트먼의 책에
조지 크루이크섕크가 그린, 일명 '사서의 악몽' 삽화.

었기 때문이다.

베이트먼은 여러 탐험가에게 자금을 지원해 난초를 발견하자마자 신속하게 영국으로 보내도록 했다. 그는 이렇게 받은 난초를 연구했으며 여러 관계자에게도 나누어주었다. 그렇게 다윈이 받은 깜짝 소포에는 마다가스카르에서 수집한 표본이 들어 있었는데, 여기에는 다윈도 깜짝 놀랐다고 기록한 별모양의 난초가 여럿 포함되었고 그중에는 매우 길고 채찍 같은

힘센 주둥이

발견자 투아르가 그린 앙그라이쿰 세스퀴페달레.
'다윈 난초'라고도 알려져 있다.

꿀샘을 가진 종도 있었다. 난초는 당시 무척이나 귀한 식물이라 한 포기 가격이 오늘날로 치면 1만 파운드(한화로 약 1,900만 원-옮긴이)도 넘었다.

학명이 앙그라이쿰 세스퀴페달레(*Angraecum sesquipedale* Thouars)인 이 난초는 오늘날 영어권에서 '다윈 난초'를 비롯해 여러 가지 이름으로 불린다. 사실 1798년 프랑스의 식물학자 루이 마리 오베르 뒤 프티-투아르(Louis Marie Aubert du Petit-Thouars, 이 난초의 꽃에 달린 기다란 구조인 '거[spur]'만큼이나 긴 이름이다)가 마다가스카르에서 이 종을 처음 발견했지만, 투아르가 제대로 명명한 것은 1822년이었다.

베이트먼이 이 귀중한 표본 중 서너 개를 다윈에게 보냈다는 사실은 그가 다윈을 얼마나 존경했는지를 알려준다. 실제로 다윈은 이 선물에 매우 만족한 듯, 같은 달 당시 큐 왕립 식물원의 부원장이던 친구 조지프 돌턴 후커(Joseph Dalton Hooker, 1817~1911)에게 이렇게 편지를 보냈다. "베이트먼이 얼마 전에 나에게 앙그라이쿰 세스퀴페달레를 비롯해 난초를 많이 보냈다네. 이 종의 꿀샘이 놀랍게도 길이가 대략 29센티미터나 되고 꽃꿀은 끄트머리에만 들어 있다는 사실을 아는가? 분명이 난초에 들어맞는 주둥이로 꿀을 빨아 먹는 나방이 있을 거야! 정말 명확한 사례지." 이 식물의 학명은 '길이가 1피트 반'이라는 뜻으로, 꿀샘의 정확한 실제 크기는 아니더라도 당시

힘센 주둥이

발견자가 얼마나 놀라고 흥분했는지를 미루어 짐작할 수 있다.

베이트먼의 관대한 선물을 받은 지 몇 달 뒤, 다윈은 이것이 자신의 자연선택설을 뒷받침하는 증거라고 확신하기에 이르렀다. 이 이론을 통해서 어떻게 길쭉한 모양의 꽃이 순조롭게 수분에 성공하는지에 대한 수수께끼가 풀리는 듯했기 때문이다. 다윈은 "주둥이가 25~30센티미터까지 늘어날 수 있는 나방이 존재해야 한다"고 제안했다. 나방의 주둥이가 무작위적으로 변이하고 난초의 꿀샘 깊이도 역시 무작위적으로 변이한다고 상상해보자. 다윈의 진화론적 주장에 따르면, 주둥이가 긴 나방은 꿀샘이 깊은 꽃에서 꿀을 얻는 데 보다 더 잘 적응하고, 그에 따라 같은 종의 다른 식물로 화분을 보다 잘 실어 나른다. 이 나방들만이 이런 꿀샘에 도달하는 유일한 종이기 때문이다. 그렇게 되면 수분이 불가능한 다른 종의 식물에서 낭비되는 화분의 양도 줄어들고, 나방은 꽃꿀에 독점적으로 접근할 수 있다. 무작위 변이와 자연선택만으로도 수많은 세대에 걸쳐 하나의 식물과 하나의 곤충 사이에 자물쇠와 열쇠가 맞듯이 점차 이런 특별한 관계가 발전하게 된다. 마치 자연선택 자체가 이러한 놀라운 적응을 만들어내는 '교묘한 장치'처럼 보인다. 이에 대해 다윈은 이렇게 말한다. "앙그라이쿰 난초의 꿀샘과 특정 나방의 주둥이가 둘 다 경쟁하듯 점점 늘어난 듯하다. 하지만 결국 이 식물은 승리를 거두어 마다가스카르의 숲에서 번성하기에 이르렀고, 각각의 나방은 여전히 마지막 꿀 한 방울을 빨려고 주둥이를 가능한 한 멀리까지 집어넣어야 한다."

다윈은 목이 긴 난초를 보고 두 가지 대담한 예측을 했다. 하나는 아직 발견되지는 않았지만 주둥이가 매우 긴 나방이 존재하리라는 것이고, 두 번째는 긴 주둥이를 가진 나방과 '다윈 난초' 사이에 공진화(共進化)가 일어난다는 것이다. 당시 많은 곤충학자들이 이 주장을 조롱했지만, 다윈은 자신의 이론이 가진 논리가 무척 명료했기에 같은 방식으로 다른 수많은 꽃과 곤충 사이의 협력 관계를 이해할 수 있다고 생각했다. 이른바 다윈은 자기 생각이 옳다는 확신이 있었다.

다윈이 나방의 존재를 예측한 지 5년이 지나 영국의 선구적인 박물학자 앨프리드 러셀 월리스(Alfred Russel Wallace, 1823~1913) 역시 다윈의 아이디어에 무게를 더했다. 1867년 월리스는 《쿼털리 저널 오브 사이언스》에 발표한 〈법칙에 의한 창조〉라는 제목의 논문에서 나방과 난초에 대한 다윈의 가설을 지지했을 뿐만 아니라 오늘날 크산토판 속이 된 스핑크스나방(*Macrosila morganii* (Walker, 1856))이 다윈 난초의 꿀샘 바닥에 닿을 만큼 주둥이가 길다는 점을 강조했다. 그리고 월리스는 런던 자연사 박물관의 한 표본의 치수를 측정한 결과 "꿀샘이 가장 깊은 난초와 주둥이가 가장 긴 나방은 서로에게 대단한 이점을 제공할 것"이라고 덧붙였다. 이것은 공진화 과정에 대한 설득력 있는 설명이었다. 또 월리스는 이렇게 이어갔다. "나방은 난초를 방문해서 나선형의 주둥이를 꿀샘에 밀어 넣고, 한 꽃의 화분괴를 다른 꽃의 암술머리에 전달해 수분시킨다." 월리스는 자연신학자인 아가일 공작이 《종의 기원》에 대해 응수하며 제안한 것처럼, 창조주에 의해 식물의 길이가 변화하는 것이 아니라 오랜 시간에 걸쳐 작은 변화가 쌓여 그러한 적응이 이루어졌다고 결론 내렸다. 이 이론에 대해 확신한 월리스는 다음과 같이 말했다. "마다가스카르에 그러한 나방이 존재한다는 것은 충분히 예측 가능하다. 그 섬을 방문한 박물학자들은 천문학자들이 해왕성을 발견한 것만큼이나 확신을 갖고 이 식물을 찾아야 하고, 똑같이 성공을 거둘 것이다!"

그리고 다윈이 이 난초를 수분시킬 나방이 존재한다고 예견한 지 41년이 지난 뒤 실제로 나방이 발견되어 정식 이름이 붙여졌다. 하지만 안타깝게도 다윈이 사망한 지 20년이 지난 뒤였다.

이제, 바로 이전 장에서 미리엄의 벼룩 연구로 만났던 로스차일드 가문이 다시 등장할 시점이다. 하지만 이번에는 미리엄의 삼촌 라이어널 월터 로스차일드(Lionel Walter Rothschild, 1868~1937)가 그 주인공이다. 어린 시절 몸이 약했던 라이어널은 학교에 다니는 대신 집에서 교육을 받았다. 영국 하트퍼드셔 트링 파크의 자택에서 자란 그는 일찍부터 자연에 대한 열

작은 정복자들

다윈 난초와 이 식물을 수분시키는 나방에 대한 월리스의 연구를 바탕으로
토머스 윌리엄 우드(Thomas William Wood)가 그린 그림.

힘센 주둥이

정을 가지고 있었다. 라이어널이 태어나기 2년 전 이곳으로 이사한 그의 부모님은 집을 고쳐 짓는 중이었다. 이때 목조 작업을 맡은 앨프리드 미널(Alfred Minall)이라는 소목장이 취미로 박제를 제작했는데, 어느 날 어린 라이어널이 이것을 발견했다. 미리엄은 《로스차일드 경에게: 새, 나비, 역사》라는 책에서 어린 시절의 삼촌에 대해 이렇게 썼다. "한번은 밀크티를 마시던 중 일곱 살이던 라이어널 삼촌이 일어나서 또박또박 길게 선언했다. '엄마, 아빠. 저는 박물관을 만들 거고 미널 씨가 제 작업을 도와줄 거예요'라고."

그리고 라이어널은 정말로 그렇게 했다. 미리엄은 이렇게 썼다. "라이어널 삼촌이 모은 동물 표본 컬렉션은 이제껏 한 개인이 수집한 것 중 가장 커다란 규모였다." 트링의 앨버트 스트리트에 자리한 창고 한 구석에서 시작된 이 컬렉션은 거대한 거북 144마리, 새 가죽 30만 개, 그리고 보다 중요한 225만 마리의 나비와 나방을 포함해 엄청난 규모로 발전했다. 8살 때부터 수집해 점점 불리기 시작한 것이다. 라이어널이 사망한 1938년, 이 소장품과 여러 표본, 그의 책과 편지들(또 그 밖의 많은 것들)은 대영박물관에 기증되었다. 이제껏 박물관에 기증된 것들 가운데 가장 큰 선물이었다. 건물과 수많은 표본들은 현재 트링 자연사 박물관에 소장되어 있다. 컬렉션이 자연사 박물관의 일부가 되기 전 라이어널은 사우스 켄싱턴을 자주 방문했는데, 13세의 이 조숙한 동물학자는 당시 박물관에서 동물학 분야 담당자였던 앨버트 귄터(Albert Günther, 1830~1914)를 매료시켰다. 귄터는 라이어널에게 자연사를 가르치는 한편 박물관에 자주 방문하라고 장려하면서 유익한 우정을 쌓았다. 이런 뜻밖의 인연과 함께 박물관과 컬렉션, 나비목 곤충은 라이어널의 삶을 지배하는 열정의 대상이 되었다.

    라이어널은 은행업에 잠시 종사하는 한편으로, 스스로 탐험을 떠나거나 전 세계 수집가들에게 자금을 지원하며 수집품을 점차 불려나갔다. 라이어널이 앞으로도 계속 자연사를 탐구하는 길을 걸으리라는 것은 누가 봐도 확실했다. 1903년 그는 K. J.라고도 불리는 하인리히 에른스트 '칼' 조던(Heinrich Ernst 'Karl' Jordan)이라는 큐레이터와 함께 《나비목 박각싯과에 대한 검토》라는 두꺼운 전문서를 출간했다. 이 책에서 비로소 다윈이 오랫동안 찾아 헤매던 주둥이가 긴 나방이 처음으로 명명되었고, 처음에는 *Xanthopan morganii praedicta* Rothschild and Jordan, 1903이라는 아종으로 학명이 붙었다. 안타깝게도 수집가가 누구인지, 한 사람인지 여러 명인지, 정확히 언제 어디서 수집되었는지에 대해서는 알려진 바가 없다. 우리가 아는 것은 이 나방이 마다가스카르에서 왔다는 것뿐이다. 박물관 큐레이터로서 가장 안타까운 상황이 바로 데이터가 부족한 경우이다. 유감스럽게도 상당수의 종은 표본이 부족한데, 특히 나비목이 그렇다. 아마도 몇몇 수집가들이 과학 발전보다는 예쁜 동물에 더 관심을 갖는 경향이 있어서가 아닐까 싶다.

나는 정보를 더 얻고자 미국 펜실베이니아에 있는 카네기 자연사 박물관에 라이어널과 조던이 사용한 표본을 누가 관리하는지 문의했다. 이 표본은 유감스럽게도 여러 가지 이유로 모호하게 표시되어 있었는데, 다행히 다윈의 원래 생각을 확인하는 데는 문제가 없었다. 그리고 2021년에 나의 동료 데이비드 리스(David Lees) 박사가 조엘 미네(Joël Minet) 교수가 이끄는 팀과 협력해서 필요한 것을 발견한 덕분에 *X. morganii praedicta*는 아종에서 종으로 승격되었다. 당시에 대해 리스 박사는 이렇게 말한다. "마다가스카르 열대우림에서 수컷 박각시나방 한 마리를 잡아 주둥이를 펼치고 길이를 재보니 세계 기록 같았어요. 그 결과 오늘날 과학자들이 생각하는 분류학적 변화가 마침내 종 수준에서 인정을 받게 되었습니다. 덕분에 마다가스카르에 서식하는 곤충 가운데서도 가장 유명해졌죠." 결국 이 나방은 하나의 종이 된 것은 물론이고 크산토판박각시나방(*Xanthopan praedicta*)으로 이름이 바뀌었다.

이 나방처럼 놀랄 만큼 주둥이가 긴 종이 그렇게 드문 건 아니다. 예컨대 반시류에 속하며 식물의 즙을 빨아 먹는 주둥이왕진딧물속(*Stomaphis* Walker, 1870)의 진딧물은 주둥이가 꽤 길지만, 같은 속에는 아랫입술과 침이 몸길이의 2배에 달해

> b. *P. morgani praedicta* subsp. nov.
>
> ♂♀. Breast and abdomen beneath with an obvious pinkish tint. Upperside of body and forewing, and underside of wings also somewhat pinkish. Black apical line of forewing, extending from costal to distal margin, broader than in the preceding, black discal streak R^2-M^1 also heavier.
>
> *Hab.* Madagascar.
>
> Type (♂) in coll. Charles Oberthür ; a *female* specimen in coll. Mabille.
>
> Wallace, in *Natural Selection*, p. 146 (1891), speaking of the adjustment between the length of the nectary of orchids and that of the proboscis of insects, says : " In the case of *Angraecum sesquipedale* it is necessary that the proboscis should be forced into a particular part of the flower, and this would only be done by a large moth burying its proboscis to the very base, and straining to drain the nectar from the bottom of the long tube, in which it occupies a depth of one or two inches only. . . . I have carefully measured the proboscis of a specimen of *Macrosila cluentius* from South America, in the collection of the British Museum, and find it to be nine inches and a quarter long ! One from tropical Africa (*Macrosila morgani*) is seven inches and a half. A species having a proboscis two or three inches longer could reach the nectar in the largest flowers of *Angraecum sesquipedale*, whose nectaries vary in length from ten to fourteen inches. That such a moth exists in Madagascar may be safely predicted, and naturalists who visit that island should search for it with as much confidence as astronomers searched for the planet Neptune,—and I venture to predict they will be equally successful."
>
> As the tongue of *P. morgani praedicta* is long enough—about 225 mm. = 8 inches—to reach the honey in short and medium-sized nectaries of *Angraecum*, the moths will not abandon the flowers with especially long nectary without trying to reach the fluid, which fills up, in hot-house specimens of *Angraecum*, about one-fourth of the nectary. The result would be that flowers with exceptionally long nectaries would be as well fertilised as such with short nectaries by a moth which could reach the fluid in the long nectaries only when a greater quantity of nectar had collected. *X. morgani praedicta* can do for *Angraecum* what is necessary ; we do not believe that there exists in Madagascar a moth with a longer tongue than is found in this Sphingid.

X. morganii praedicta Rothschild and Jordan, 1903이 처음 명명되던 당시의 문헌. 여기서는 *P. morganii praedicta*로 잘못 표기되어 있다.

두꺼운 나무껍질까지 뚫고 들어가는 종도 있다! 또 히말라야 산맥 등지를 날아다니는 등에(*Philoliche longirostris* (Hardwicke, 1823))는 주둥이가 약 60밀리미터에 이른다고 한다. 이 정도도 정말 인상적이다. 하지만 몸길이에 비해 주둥이가 가장 긴 곤

힘센 주둥이

카네기 자연사 박물관에 있는 크산토판박각시나방의 기준 표본.

충은 파리의 한 종인 *Moegistorhynchus longirostris* (Wiedemann, 1819)이다. 크산토판박각시나방이나 혀가 긴 파리로 분류되는 여러 곤충과 마찬가지로 이 종은 아프리카 대륙, 특히 남아프리카에 많이 산다. 이 종의 주둥이는 몸길이의 최대 8배나 되며 몇몇 표본은 주둥이가 83밀리미터에 달한다.

흥미롭게도, 주둥이가 긴 박각시나방이나 어리재니등에과의 종들, 말파리류가 실제로 공진화의 사례인지는 최근에야 과학적으로 검증되었다. 몇몇 연구자들이 주둥이가 긴 개체일수록 보다 번식적 성공을 거둔다는 사실을 발견한 것이다(바로 이것이 우리가 알아내야 할 가장 중요한 사실이다). 또한 지난 20

긴 주둥이를 펼친
크산토판박각시나방의 모형을 보면,
주둥이가 몸 크기에 비해
얼마나 긴지 실감할 수 있다.

힘센 주둥이

년 동안 상호 선택을 뒷받침하는 연구와 함께 주둥이의 길이에 따라 곤충이 어떤 식물에 접근할지가 결정된다는 사실이 알려졌다. 이 동물들이 왜 이렇게 긴 주둥이를 갖게 되었는지에 대해서는 제대로 된 이유가 밝혀지지 않을지도 모르지만, 어쨌든 이런 종이 실제로 존재하며 오늘날 과학자들은 다른 이유로 이들의 주둥이에 주목하기 시작했다. 생물학적 영감을 얻기 위해 자연으로 눈을 돌리는 오늘날, 액체 먹이에 접근하고자 구부러지고 말려드는 이 천연 빨대의 메커니즘은 연구자의 흥미를 끌기에 충분하다. 하나의 세포에 침투해 유전자를 추출하는 것처럼 마이크로 또는 나노 규모의 초미세 유체공학 분야에서 새로운 발전을 촉구하는 확실한 구조이기 때문이다.

미국 사우스캐롤라이나주 클렘슨대학교에서 수십 년 동안 곤충 분류학과 생태학을 가르친 피터 애들러(Peter Adler) 교수는 먹파리과(Simuliidae) 같은 의학적으로 중요한 곤충과 더불어 파리목과 나비목의 섭식 메커니즘에 대해서도 깊은 관심을 가지고 있다. 자연이 박각시나방의 우아하고 효율적인 빨대 모양 주둥이를 만드는 데 앞섰다면, 애들러와 대학 동료인 콘스탄틴 (코스챠) 코르네프(Konstantin [Kostya] Kornev) 교수는 자신들의 재능과 전문성을 한데 모아 자연을 따라잡기로 결심했다. 코르네프의 연구 분야는 생물학에서 영감을 받아 신소재를 설계하는 것으로, 2006년 클렘슨대학교에 합류한 이후 연구실에서 '절지동물로부터 영감을 받은 다기능 적응성 소재와 인터페이스'를 개발하는 데 집중했다. 그러자면 이 기다란 튜브를 가진 생물들이 실제로 어떻게 먹이를 먹는지부터 밝혀야 했다.

    액체가 빨대를 따라 움직이는 방식은 여러 가지다. 먼저, 내부 공간이 매우 좁다면 중력 같은 성가신 힘을 처리하지 않고도 모세관현상에 따라 액체가 위아래를 비롯한 어떤 방향으로든 움직일 수 있다. 물감이 붓 위로 이동하거나 식물의 뿌리에서 잎으로 물이 이동하는 게 이런 예다. 곤충의 주둥이 지름이 표면 장력이 발생할 정도로 작으면, 좁은 튜브나 모세관과 마찬가지로 수평, 수직으로 중력을 거스르며 액체를 끌어당길 수 있다. 하지만 튜브의 지름이 커지면 액체가 목적지에 도달하기 위해 흡입력이 더해져야 한다(우리는 빨대를 사용할 때 늘 그렇게 한다). 나방의 '빨대'는 한 쌍의 C자형 섬유인 작은턱 외엽으로 이루어져 있는데, 이 섬유는 번데기 때 2개의 분리된 구조로 발달하지만 성충이 되면서 합쳐지고 타액에 의해 고정된다(번데기에 대한 자세한 내용은 5장을 참고하라). 다른 곤충과 마찬가지로 박각시나방을 포함한 모든 나방의 머리에는 액체를 끌어올리는 데 도움이 되는 흡입 펌프가 있다. 펌프의 수는 다양한데 몇몇 말파리 종은 6개에 이른다!

    하지만 곤충의 주둥이는 단순한 빨대와는 거리가 멀다.

힘센 주둥이

2개의 작은턱이 합쳐져서 액체를 빨아들이는 빨대의 통로가 되는데,
곤충의 주둥이가 이렇게 만들어진다.

나비목 곤충들은 젖은 흙이나 썩은 과일에서 수분을 빨거나 식물 표면에서 꽃꿀을 빨 때 주변의 잔해가 유입되지 않게 막아야 한다. 어떻게 그렇게 할 수 있을까? 애들러와 코르네프는 박각시나방의 주둥이에 길이 방향으로 작은 구멍이 나 있으며, 스펀지 같은 복잡한 구조를 가지고 액체를 빨아들인다는 사실을 발견했다. 그뿐만 아니라 이 빨대에는 애들러가 이른바 '계

곡과 능선'이라고 아름답게 묘사한, 끌어들이거나 밀쳐내는 특성을 지닌 모자이크가 있어서 필수적인 청소를 자체적으로 수행한다. 전자가 소수성(疏水性)이고 후자가 친수성(親水性)인 경우, 나방은 원하지 않는 것을 포함하지 않은 채 잔여물 없이 주둥이로 액체를 빨아들일 수 있다.

애들러와 코르네프의 연구팀은 나방의 주둥이와 거의 같은 방식으로 긴 튜브를 풀었다가 말아가며 소량의 액체를 빨아들이는 마이크로 탐침의 설계도를 연구했다. 쉽게 오염되지 않는 법의학 연구용 작은 탐침을 떠올려보라. 오염되지 않은 액체의 흐름을 되돌리거나 대량 예방 접종을 위해 재사용 가능한 바늘을 만들 수도 있다. 그리고 이제 연구팀은 더 나아가 인간 머리카락의 지름보다 10배나 작은 하나의 인간 세포에서 액체를 추출할 탐침을 만들겠다는 야망을 가지고 있다. 이들의 궁극적인 목표는 섬유를 기반으로 한 유체 흡수 장치를 개발하는 것이다. 여기에는 의사들이 세포에서 결함이 있는 단일 유전자를 골라내 이상 없는 유전자로 대체하도록 하는 탐침도 포함되어 있다. 하지만 이들이 다루는 장치는 엄청나게 작다는 한계로 인해 그동안 연구가 매끄럽게 진행되지 못했다.

이 연구는 전도가 유망하지만, 생물체의 진화가 600만 년에 걸쳐 이룬 결과를 모방하는 작업인 만큼 그렇게 빨리 진척되지는 못할 것이다. 그럼에도 과학자들은 다윈이 처음 예측한

지 130년이 지난 1992년에 비로소 크산토판박각시나방이 다윈 난초를 방문하는 모습을 관찰하고 촬영하는 데 성공했다. 과학자들은 작은 화분 덩어리를 옮기는 수컷 박각시나방의 모습을 녹화했고, 야간 투시 장비를 활용해 사진을 찍었다. 이 나방이 난초에서 먹이를 구한 직접적인 증거는 아니지만 거의 근접한 증거였다. 그러다 2004년에는 수분 과정을 놀랄 만큼 자세하게 담은 동영상을 촬영했다. 이 영상을 찍은 과학자들은 길이가 25센티미터에 이르는 나방이 꽃의 좁고 깊은 곳에 자리한 꿀샘에 다가가며 주둥이를 펼치고 서서히 접근한 뒤 입구를 맴돌며 섬세한 주둥이를 삽입한 다음 놀랄 만큼 정밀하게 꿀을 빨아 먹는 모습을 목격하며 순수한 기쁨을 느꼈을 것이다.

다윈 난초와 크산토판박각시나방의 관계는 다윈이 자연선택설을 통해 강조한 전형적인 사례다. 다윈은 단순히 대상을 수집, 분류, 설명하는 데 그치지 않고 자연사를 '관찰'하는 과학에서 '예측'하는 과학으로 바꾸었다. '난초 책'의 두 번째 판을 집필할 때 다윈은 그렇게 긴 주둥이를 가진 나방이 존재하겠느냐고 조롱하는 곤충학자들에 대해 썼다. 하지만 다윈은 모두가 관찰할 수 있다면 그 이상의 설명이 필요하지 않다고 확신했기에 자신의 주장을 고수했고, 마침내 그가 옳았다는 사실이 드러났다. 우리 모두가 명심해야 할 교훈이다.

최고의 믹스테이프.
우주에 보내기 위해 카세트테이프에
집어넣은 여러 마리의 노랑초파리.

03
노랑초파리

> 내가 너 같은 파리가 아닌 걸까?
> 아니면 네가 나 같은 사람이 아닌 걸까?
> -〈파리〉(1794), 윌리엄 블레이크

영국의 시인 윌리엄 블레이크(William Blake)는 200년 전에 쓴 〈파리〉라는 시에서 하나의 진실에 도달했다. 우리 인간은 실제로 파리와 매우 비슷한 존재라는 것이다. 하지만 이 사실을 깨닫고 활용하기까지는 100여 년을 더 기다려야 했다. 물론 여러분은 인간이 파리와 그다지 공통점이 없다고 생각할지도 모른다. 몇 가지 예만 들어도 파리는 날개와 6개의 다리, 별난 눈을 가지고 있는 등 인간과 신체적 차이가 크기 때문이다.

하지만 우리 어머니들이 말씀하시듯 중요한 것은 외면이 아니라 내면이다. 인간과 파리는 유사한 유전자를 공유하고 있으며, 유전학이야말로 매우 중요한 증거다. 실제로 우리 인간

작은 정복자들

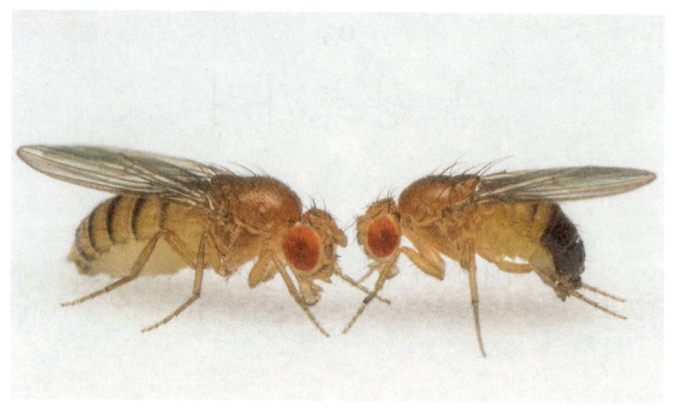

탁월한 실험동물인 노랑초파리.

이 질병을 일으키는 유전자의 75퍼센트는 보잘것없어 보이는 노랑초파리(*Drosophila melanogaster* Meigan, 1830)에도 존재한다. 이 파리는 지구상에서 가장 중요하게 여겨지고 많이 연구되는 종 가운데 하나다. 물론 썩어가는 사과 더미를 맴돌며 먹이에 취하고 하룻밤 상대를 찾는 어른의 삶을 마음껏 만끽할 뿐이지만 말이다. 그렇지만 20세기 초반부터 우리와 노랑초파리는 함께할 운명이었다.

    이 종과 우리 인간이 맺고 있는 업무상의 관계에 대해 다룬 글은 많이 있다. 예컨대 하버드 의과대학에서 일하는 유전학자 스테퍼니 모어(Stephanie Mohr)는 커리어의 대부분을 이

노랑초파리

파리를 연구하며 보낸 끝에 2018년 《초파리를 알면 유전자가 보인다》를 출간했다. 이 곤충을 연구하는 전 세계 수천 곳의 실험실과 마찬가지로 모어의 실험실에는 유전자 연구를 위해 노랑초파리가 들어 있는 트레이로 가득하다. 모어가 쉽게 인정하는 바에 따르면, 노랑초파리는 인간과 겉모습은 닮지 않았지만 전체적으로 신체 설계가 동일하며, 우리가 가진 감각을 똑같이 지니고서 무언가를 만지거나 맛볼 수 있다. 또 노랑초파리의 내부는 인간과 마찬가지로 심장이 뛰고 음식을 처리하고 배설하는 내장기관을 가지고 있다. 그리고 몸 크기(약 3밀리미터)에 비해 놀랍도록 정교한 뇌를 가졌다. 모어는 이를 통해 우리가 인간을 직접 연구하는 것보다 더 간단하게 인체의 여러 과정을 연구할 수 있게 되었다고 말한다.

    노랑초파리는 진화 초기부터 인간의 주변에, 더 정확하게는 우리의 음식 주변에 머무는 것을 매우 선호하는 길을 따랐다. 이런 종을 '인간 친화성 종'이라고 한다. 노랑초파리는 적도 근처 아프리카 지역에서 유래했다고 널리 알려져 있으며, 야생 개체군은 남아프리카에 풍부한 마룰라나무(*Sclerocarya birrea* (A. Rich) Hochst.)의 열매와 밀접한 관련이 있다. 최근 짐바브웨의 마커스 스텐스미르(Marcus Stensmyr)와 동료들의 연구에 따르면 선사시대의 인류는 이 열매를 동굴 깊숙이 안쪽까지 가져왔는데, 동굴 벽화에 그려진 이미지라든지 어두운 동굴 우묵한

작은 정복자들

한 유전학 연구실에서 노랑초파리의
유충을 재료로 실험을 준비하고 있다.

곳에서 발견된 껍질 잔해가 그 증거다. 이 과일들은 썩기 시작하면서 숙성되어 발효되었을 가능성이 높으며, 그 냄새가 노랑초파리를 동굴 내부로 끌어들였을 것이다. 스텐스미르와 동료들이 같은 조건으로 여러 차례 실험을 수행한 결과, 과일이 가득한 어두운 동굴로 이끌려 들어오는 종은 전부 초파리속의 노랑초파리였다. 수만 년 전의 연이은 선택과 우연한 사건에 의해 인류가 전 지구를 가로질러 이동하는 과정에서 이 작은 친구들이 우리를 따라온 것이다. 노랑초파리는 몰래 노예선에 올

노랑초파리

라 아프리카를 탈출한 뒤 카리브해에서 설탕과 럼주(이 초파리가 좋아하는 술이다)의 무역로를 따라 히치하이킹을 했고, 미국 남북전쟁 이후 등장한 바나나를 비롯한 신선한 과일의 교역 물량을 통해 밀물처럼 우리를 따라다니기 시작했다.

우리는 여기저기 음식을 놓아두곤 하는데, 이것은 노랑초파리를 가까이 오도록 유혹하는 행위다. 그릇에 담긴 과일은 보기에는 예쁠지 모르지만 사실상 초파리 구더기가 밤낮으로 먹고 편하게 쉬는 탁아시설이 될 뿐이다. 1875년 뉴욕주의 곤충학자 조지프 앨버트 린트너(Joseph Albert Lintner)에 따르면, 놀랍게도 이 종이 북아메리카에 들어온 것은 '자두 절임 한 병에서 번식하면서'부터다. 당시는 생물학자들이 노랑초파리를 실험실의 진정한 일꾼으로 채택하기 불과 몇 년 전이었다. 그로부터 25년이 지나 노랑초파리는 미국에서 가장 흔한 생물종이 되었다.

노랑초파리는 파리목 초파리과에 속한다. 사람들은 흔히 이 종을 '과일파리'라고 알고 있지만 실제 과일파리는 과실파리과에 속하는 다른 종이다. 과실파리과에는 우리에게 심각한 경제적 피해를 입히는 해충이 일부 포함되어 있는데, 이에 반해 초파리과의 종 대부분은 그렇게 큰 해를 끼치지 않는다. 이 곤충들은 작물의 성장을 조절하는 요인도 아니고 의학적으로 중요한 역할을 하지도 않으며, 우리를 돕지도 파괴하지도 않는다. 그렇다면 어째서 과학자들은 노랑초파리를 생물학 연구의 모델로 골랐을까?

노랑초파리가 최초의 모델 생물이었던 것은 아니다. 이전에는 기니피그, 토끼, 양이 있었다. 이 가운데 마지막으로 언급된 동물이 그렇듯 이들은 실험실에서 키울 만큼 작지도 않았을뿐더러 번식 기간도 길었다. 몸집이 가장 작은 기니피그라 해도 한 배에 평균적으로 2~4마리를 낳으며, 임신 기간은 약 2개월이다. 또 평균수명이 4~8년이지만 대략 6년이라고 가정하더라도 암컷의 경우 72~144마리의 새끼를 낳는데(4주의 성장기를 거치면 죽을 때까지 계속 임신해서 번식이 가능하다), 이것은 인간과 비교하면 많지만 노랑초파리에 비할 바는 아니다. 이 곤충은 몇 주 안에 비슷한 수로 새끼를 불린다. 초파리가 훌륭한 모델 생물인 이유는 이런 번식 능력뿐만 아니라 몸길이가 3밀리미터에 불과하기 때문이다. 더구나 키우는 데 넓은 공간과 많은 돈이 들지도 않는다.

노랑초파리를 실험실의 사랑스런 동반자로 승격시키려는 '믿음의 도약'은 20세기 초 하버드대학교의 찰스 우드워스(Charles Woodworth, 1865~1940) 교수로부터 시작되었다. 우드워스가 이 곤충을 선택한 계기는 확실하지 않지만, 아마도 번식의 용이성과 짧은 세대 기간이 매력으로 작용했을 것이다. 우드워스는, 원래 포유류를 연구했지만 파리를 이용해 근친교

노랑초파리

컬럼비아대학교에 자리한 토머스 헌트 모건의 유명한 초파리 연구실.
한쪽 구석에 초파리 먹이로 사용되는 바나나가 있다.

배를 실험하던 동료 윌리엄 캐슬(William Castle)에게 노랑초파리를 추천했다. 그리고 같은 기간 미국 자연사 박물관에서 일하던 또 다른 곤충학자인 프랭크 러츠(Frank Lutz, 1879~1943) 박사 역시 초파리의 기초적인 생물학을 연구하기 시작해 이 종에 대한 논문을 10여 편 발표했다. 토머스 헌트 모건(Thomas Hunt Morgan, 1886~1945) 교수 또한 러츠로부터 연구실에서 실험할 곤충으로 노랑초파리를 추천받았다. 모건은 4년 전인 1904년부터 컬럼비아대학교에서 자리를 잡고 일하던 터였다. 이 작은 곤충들이 슈퍼스타가 된 것도 바로 이 연구실에서부터였다(물론 모건도 유명해졌다).

사실 모건은 곤충학자가 아니라 발생학자였다. 다시 말해 그의 관심사는 초파리 자체가 아닌 이 곤충의 발생과 유전이었다. 모건은 비둘기부터 토끼, 개구리, 달팽이에 이르는 다양한 생물을 전전하며 새로운 모델 생물을 찾고 있었다. 실험동물에 대한 취향이 폭넓었던 터라 동료들은 모건을 흥미롭게 바라보았고, 종종 "문어발처럼 일을 벌인다"라고 농담을 던졌다. 과학사학자 짐 엔더스비에 따르면 초파리가 대학의 생물학 연구실에서 사용하기에 완벽한 이유는 학기가 시작하는 가을 무렵부터 과일이 막 수확되기에 개체수가 많아지는 데다, 겨울에도 따뜻한 실험실에서 쉽게 번식하고 2주마다 새로운 세대를 생산하기 때문이다.

야생의 노랑초파리가 맨해튼 어퍼 웨스트사이드에 있는 모건의 우중충한 연구실 문턱을 넘었을 때쯤, 생물학자들은 오랫동안 방치되었던 19세기 오스트리아의 그레고어 멘델이 연구한 유전 실험에 대해 비로소 이해하기 시작했다. 멘델은 수도사이자 수학자, 기상학자, 물리학자, 식물학자였다. 이렇듯 다양한 분야를 결합한 덕에 그는 1865년 완두를 이용해 부모에서 자손으로 번식하며 생겨난 변화를 고찰하는 고전 유전학의 법칙을 확립했다. 나는 아버지를 닮은 눈과 어머니를 닮은 코를 가졌지만(다행히 빼다 박지는 않았다), 신체적인 특징이 여

노랑초파리

멘델이 획기적인 완두 실험을 위해 끼적인 메모.

러 면에서 다르다(정말 많이).

멘델은 완두(*Pisum sativum* L. (1753))를 여러 번에 걸쳐 교배하면서 색깔이나 주름 같은 형질이 다음 세대로 전달되는지 기본적인 유전 메커니즘을 확인했다. 하지만 멘델의 획기적이고 세심한 실험은 발표되었을 무렵 거의 무시당했다. 다윈도 논문의 사본을 받았지만 읽지 않았다. 하지만 자연선택에 의한 다윈의 진화론을 대물림 가능한 형질의 변화 측면에서 살필 때, 멘델이 그 이론의 물리적·행동적인 측면을 연구했다는 점은 꽤 놀라운 성과다.

다윈은 멘델이 유전학 연구를 발표하기 몇 년 전인 1859년《종의 기원》을 출간했으며, 박물학자 앨프리드 러셀 월리스와 함께 발전시킨 진화론은 여전히 뜨거운 논쟁거리였다. 관찰보다 실험을 중시하는 과학자였던 모건은 다윈과 그의 이론에 회의적이었고, 멘델의 유전 법칙에 대해서는 더더욱 회의적이었다. 실제로 이렇게 말했을 정도다. "현대적인 멘델주의 해석에서는 사실이 재빠르게 어떤 요인으로 변환된다. 한 가지 요인이 사실을 설명하지 못하면 두 가지 요인이 언급된다. 그리고 두 가지로도 불충분하면 세 가지가 등장한다." 모건이 생각할 때 자연선택설은 새로운 종이 어디에서 비롯했는지 그 기원을 설명하기에는 충분하지 못하다고 느꼈고, 그 때문에 대안을 탐색하고자 초파리를 교배하기 시작했다. 다시 말해 모건이 초

노랑초파리

파리를 번식시킨 것은 멘델의 유전학을 연구하기 위해서가 아니라 실험실을 기반으로 해서 진화이론으로 나아가기 위한 시도였다.

모건은 개별적인 도약을 통해 종이 진화한다는 네덜란드의 식물학자 휴고 드 브리스(Hugo de Vries, 1848~1935)의 이론에 이끌렸는데, 드 브리스는 이런 도약을 '돌연변이'라고 불렀다. 드 브리스가 예측한 바에 따르면 특정한 조건 아래서 동물은 '돌연변이하는 기간'에 진입할 수 있다. 모건은 초파리를 대상으로 집중적으로 근친교배를 거쳐 이러한 돌연변이 기간을 유도할 수 있는지, 즉 시험관 안에서 진화를 재창조할 수 있는지 확인하고자 했다. 그렇게 모건의 작은 실험실에는 초파리가 점점 불어났고, 결국 '초파리방'이라는 별명으로 불리기에 이르렀다.

과학사학자이자 유전학자인 영국 맨체스터대학교의 매슈 콥(Matthew Cobb) 교수 역시 여러 해에 걸쳐 노랑초파리를 실험동물로 사용했다. 다만 그는 구더기에서 어떤 냄새가 나는지(보기에 따라 역할 수도 있는 주제다) 같은 구더기의 생리학적 특징을 이해하는 데 초점을 맞추었다. 콥은 현재 진행 중인 과학 연구에 대해 초파리가 어떤 공헌을 할 수 있는지에 대한 여러 논문을 발표했다. 콥 교수에 따르면 모건이 새로운 종의 진화 방식에서 드 브리스의 돌연변이 이론을 뒷받침할 급작스런 변

작은 정복자들

노랑초파리가 그들이 가장 잘하는 행위를 하는 중이다.

화의 사례를 찾고 있었는데, 이것이 노랑초파리에서 가장 쉽게 이루어졌다고 한다.

하지만 모건은 2년에 걸쳐 노랑초파리를 계속 교배했지만 "아무런 수확도 거두지 못했다." 당시 동료들이 놀라운 과학적 성과와 통찰을 뽐내던 시기였던 만큼, 모건의 좌절감은 더욱 커졌다. 1800년대 후반에는 염색체, 즉 유전자를 형성하는 데옥시리보핵산('DNA'라는 약자로 불리는)을 포함한 핵의 일부가 관찰되었지만 그때는 그것이 정확히 무엇인지 알려지지 않았다. 그래도 멘델의 연구가 재발견된 덕분에 과학자들은 유전되는 형질에 대해 어느 정도 알고 있었다. 다만 이 역시 개념에 불과했던 만큼 세포 속 어디서, 어떻게 그것이 존재하는지는 알 수 없었다.

그러다 1902년 독일의 동물학자 테오도어 보베리(Thodor Boveri, 1862~1915)가 배아 발생을 연구하던 중 성게류의 두 종인 *Psammechinus microtuberculatus* (Blainville, 1825)와 *Sphaerechinus granularis* (Lamarck, 1816)에서 배아가 제대로 이루어지기 위해서는 염색체가 필요하다는 사실을 발견했다. 같은 해, 미국 컬럼비아대학교에서는 유전학자 월터 스탠버러 서턴(Walter Stanborough Sutton, 1877~1916) 박사가 감수분열(생식세포 형성 과정에서 나타나는 세포분열) 중에 염색체가 나뉘어 딸세포를 이루는 모습을 관찰했다. 이 두 가지 발견은 '보베리-서턴 염색체 이론'으로 이어졌다. 이 이론에 따르면 한때 잘 알려지지 않았던 핵 속의 신비로운 존재야말로 멘델의 유전 법칙을 일으키는 결정적인 유전 물질이었다. 이 유전 물질이 보이는 행동은 멘델의 교배 실험에서 나온 증거를 뒷받침하는 것처럼 보였다. 그제야 멘델의 연구가 검증되기 시작한 것이다. 그때부터 모건의 연구실은 이론을 증명하거나 반증하는 활동의 중

심지였으며, 오늘날까지도 모건과 동료들이 연구하던 초파리 병을 보관하며 여러 진화론적 질문에 대한 해답을 얻고자 노력하고 있다.

하지만 '돌연변이 기간'을 유도하기 위해 초파리에게 다양한 식단과 화학물질을 제공하며 드 브리스의 돌연변이 이론을 증명하려는 2년에 걸친 시도가 실패로 돌아가면서 모건은 이 이론에 흥미를 잃기 직전이었다. 그러던 1910년 어느 날, 붉은 눈을 가진 초파리 무리 가운데 흰 눈을 가진 수컷이 태어났다. 돌연변이였다! 무슨 일이 일어났던 걸까? 드 브리스의 주장대로 돌연변이 기간이었던 것일까? 이렇게 급작스럽게 눈의 색이 변화한 원인을 알아내기 위해 모건은 간단한 교배 실험을 진행했다.

처음에 모건은 이 돌연변이에 따른 변화가 드 브리스의 이론이 예측했던 것만큼 크지 않아서 혼란스러웠다. 게다가 1세대 돌연변이 자손들은 다들 서로 교배가 가능했던 만큼 새로운 종도 아니었다. 일단 정상적인 붉은 눈을 가진 암컷과 흰 눈을 가진 수컷 돌연변이를 교배했다. 그러자 모든 자손이 붉은 눈을 보였다. 하지만 이렇게 얻은 2세대를 서로 교배하자 붉은 눈과 흰 눈을 가진 파리가 3대 1의 비율로 나타났다. 이제 붉은 눈을 R, 흰 눈을 w라고 하자. 수컷과 암컷의 염색체가 뒤섞이면 RR, Rw, ww의 조합이 나온다. 이 상황에서는 붉은 눈이 우

노랑초파리

성이어서 RR과 Rw를 교배하면 붉은 눈의 형질만 나타나지만, 열성인 ww를 서로 교배하면 흰 눈의 형질만 나타난다. 다시 말해 돌연변이는 새로운 종을 탄생시키는 원천이기는커녕, 고전적인 멘델 이론에서 열성 인자를 드러내는 본질적인 증거였을 뿐이다.

무엇보다도 중요한 것은 암컷 가운데는 흰 눈을 가진 개체가 없다는 점이었다. 처음에 모건은 이 유전자가 암컷에게 치명적이어서 일찌감치 개체를 죽인다고 생각했다. 하지만 실력이 뛰어난 박사 과정 학생인 네티 스티븐스(Nettie Stevens, 1861~1912)와 전임 학과장이던 에드먼드 윌슨(Edmund Wilson, 1856~1939) 교수 덕분에 X 염색체와 Y 염색체라는 성염색체가 발견되었다. 그리고 생식세포는 각각 부모 유전 물질의 절반을 가지고 있었기 때문에 모건이 규명하려던 흰 눈의 형질은 사실 유전된 성 연관 형질이라는 사실이 성공적으로 밝혀졌다. 이 중요한 발견 덕분에 모건은 일부 유전 형질이 멘델이 생각했던 것처럼 독립적으로 유전되는 대신 연관되어 있다는 결론을 내렸다. 이 획기적인 결론은 멘델의 규칙과 모순되었기에 논란의 여지가 있었으나, 하버드대학교의 유전학자 스테퍼니 모어가 지적했듯이 이 결론을 뒷받침할 데이터가 존재했고 그것은 4,000마리가 넘는 노랑초파리를 연구한 결과였다.

다른 생물에서는 그동안 없었던 이 정도 수준의 번식 실

작은 정복자들

붉은 눈을 가진 노랑초파리 암컷과 흰 눈을 가진 수컷.

험은 유전학에 대한 이해도에 혁명을 일으켰고, 노랑초파리를 모델 생물로 확립하는 혁신적인 결과를 가져왔다. 이러한 결과를 바탕으로 모건은 드 브리스의 돌연변이 이론에 대한 자신의 생각이 틀렸다는 것을 깨달았을 뿐만 아니라 염색체 유전 이론과 함께 처음으로 염색체, 유전자, 돌연변이, 대물림의 연관성을 확인했다.

이후로 모건과 그의 연구팀은 점점 더 많은 변이를 발견했다. 강모(剛毛)라든가 톱니 모양이 있는 다양한 생김새의 날개가 그런 예다. 연구팀은 염색체에서 이런 변이가 어디에 자

노랑초파리

리하는지 알아냈고, 이런 형질이 대물림되는 빈도가 높을수록 염색체에서 물리적으로 더 가까운 곳에 있다는 결론에 도달했다. 1915년, 모건의 연구팀은 방대한 데이터 증거를 바탕으로 이러한 모든 발견을 갈무리해 《멘델 유전의 메커니즘》을 출간했다. 비록 이 책에서 유전 요인이나 멘델 인자가 염색체에 자리한다는 이야기를 최초로 한 것은 아니지만 이 주장은 그 자체로 주목할 만했다. 모건이 결과를 직접 눈으로 확인하고 싶어 하는 사람들을 위해 연구에 관련된 노랑초파리들을 기꺼이 제공했기 때문이다.

이렇듯 변이를 가진 최초의 수컷 노랑초파리가 탄생하면서 현대 유전학은 비로소 활기를 얻게 되었고, 이 공로로 모건은 1933년에 노벨상을 받았다. 이 상은 최근 수십 년 동안 노랑초파리를 연구하는 과학자들에게 수여된 6개의 상 가운데 하나였다. 컬럼비아대학교 '초파리방'에서 이루어진 이 연구는 새로운 시대를 열었고 실험 유전학을 전 세계에 선보였으며, 그에 따라 보잘것없어 보이던 노랑초파리는 지구상에서 가장 영향력 있는 모델 생물로 거듭났다.

이 첫 번째 유전자 돌연변이는 '화이트(흰색)'로 명명되었다. 대부분의 경우 돌연변이 버전의 유전자 이름을 따서 원래 유전자의 이름을 붙이는 일종의 역논리가 적용되었기 때문이다(원래 노랑초파리의 눈은 대개 붉은색이다). 오늘날 우리는 이 종이 가진 4개 염색체에 1만 4,000개의 유전자가 존재한다는 사실을 알게 되었다(사람의 경우 서로 짝을 이루는 23개의 염색체가 있으며, 2만~2만 5,000개의 유전자가 있다). 유전자의 개수가 엄청났기 때문에 실험실 과학자들은 반복적이고 고된 작업의 힘듦을 잊고자 바보 같은 이름을 붙이곤 했다. 예를 들어 '켄'과 '바비' 유전자가 있는데(켄은 바비 인형의 남자 친구 이름이다), 이 유전자에 돌연변이가 생기면 외부 생식기가 없는 초파리가 탄생한다. 또《오즈의 마법사》에 나오는 심장이 없는 슬픈 양철 나무꾼인 '틴 맨' 유전자는 심장 관련 이상을 일으키는 것과 관련이 있으며, '스위스 치즈' 유전자는 구멍이 숭숭 뚫린 치즈처럼 뇌에 구멍이 뚫려 있는 것과 관련이 있다. 그리고 '그루초' 유전자에 돌연변이(변이)가 생긴 파리는 덥수룩한 눈썹을 가진 코미디언 그루초 막스(Groucho Marx)처럼 눈 위에 강모가 추가로 돋아 있다. '러시(lush, 알코올 중독자라는 뜻이 있음)' 유전자와 '칩 데이트(cheap date, 쉽게 취한다는 뜻)' 유전자도 있는데, 전자는 초파리가 에탄올과 관련된 성분에 끌리게 하는 반면, 후자는 초파리를 에탄올에 매우 취약하게 한다!

특히 '러시'와 '칩 데이트' 유전자는 인간의 행동과 알코올 의존성을 이해하는 데 도움이 될 수 있다는 점에서 흥미를 자아낸다. 1998년에는 과학자들이 알코올이 유기체에 미치는 영향을 살피는 취도 측정기(inebriometer)를 사용해 에탄올에 대

노랑초파리

한 민감도가 높아지는 돌연변이 유전자를 찾아내기도 했다. 이렇게 과학자들이 알코올에 관심을 가지고 연구하는 이유는 알코올이 전 세계에서 가장 널리 사용되는 약물 중 하나일 뿐 아니라 오용과 관련한 의학적·사회적 문제가 많기 때문이다. 잉글랜드만 해도 알코올에 의존하는 사람이 거의 60만 명에 이른다(2017/2018년). 즉 알코올 중독에서 유전자가 하는 역할을 규명할 필요가 있고, 그렇게 하려면 이러한 유전자의 영향을 조절하는 방법을 개발해야 한다. 현재 신체적인 형질을 조작하고 변경하는 데서 벗어나 행동적 형질에 대한 연구로도 나아가는 중이다.

노랑초파리는 지난 수십 년 동안 과학 실험실에서 인기가 높았지만 늘 그랬던 것은 아니다. 1970년대 초만 해도 캘리포니아공과대학교의 한 과학자가 큼직한 초파리 나무 모형을 자랑스럽게 들고 있는 한 사진과 같은 상황이었다. 아마도 과학자는 노랑초파리의 영광스러운 옛 시절에 대해 경의를 표하는 중이었을 것이다. 그렇지만 이 무렵부터 보다 작고 단순한 박테리아와 바이러스가 모델 생물 자리를 대체하기 시작했고, 1995년 박테리아인 헤모필루스 인플루엔자(*Haemophilus influenzae* (Lehmann and Neumann, 1896))는 최초로 전체 게놈의 염기서열이 밝혀지는 영광을 안았다. 하지만 노랑초파리 게놈의 염기서열을 결정하기까지는 이후로 5년을 더 기다려야 했다. 여

작은 정복자들

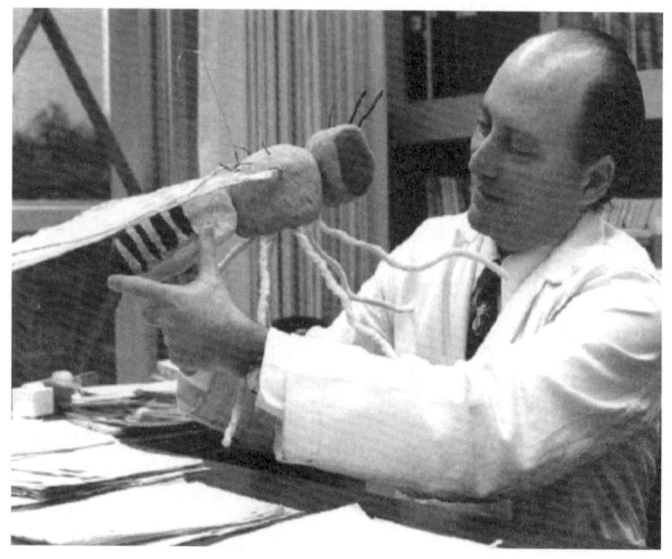

1974년 캘리포니아공과대학교 연구실에서
노랑초파리 나무 모형을 들고 있는 시모어 벤저.

전혀 이 곤충은 실험실에서 흔했지만, 점점 더 단순하고 저렴한 라이벌에게 밀리고 있었다.

그럼에도 미국의 시모어 벤저(Seymour Benzer, 1921~2007, 초파리 나무 모형을 응시한 사진 속 인물) 교수는 이 종에 대한 믿음이 깊었다. 노랑초파리는 천장에 붙어서 기고 날 뿐만 아니라 학습이나 구애, 주기나 리듬 맞추기 등 인간이 하는 여러 정교한 행동을 수행할 수 있었다. 벤저는 단순히 생리나 형태를

노랑초파리

제어하는 유전자를 탐구하기보다 이 곤충이 어떻게 그런 특징을 갖게 되었는지에 대해 더 자세히 알고 싶었다. 그래서 사람들의 열정을 다시 노랑초파리에 불붙일 유전자와 행동에 관한 선구적인 연구에 착수했다. 벤저는 열세 번째 생일날 '새로운 세계를 열어준' 현미경을 선물 받았다고 하는데, 나 역시 비슷한 나이에 현미경을 선물 받았다. 그런데 벼룩이 튀어 오르는 것을 보고 몹시 흥분했던 나와 달리(1장을 보라) 벤저는 현미경 속 미시적인 세계에 대한 관심을 훨씬 더 깊숙이 발전시키고자 했다.

벤저는 처음에 물리학자가 되려고 했지만 오스트리아의 물리학자 에르빈 슈뢰딩거(Erwin Schrödinger, 1887~1961)에게서 영감을 받아 유전학으로 넘어갔고, 같은 유전자의 서로 다른 부위에서 돌연변이가 발생할 수 있다는 사실을 최초로 밝혀냈다. 그리고 이를 통해 벤저는 이전에 생각했던 것처럼 유전자가 더 이상 나눌 수 없는 단위가 아니라 염기라는 화학적 벽돌의 기나긴 줄을 따라 쌓인 다양한 색의 레고 조각을 유전자라고 상상해야 제대로 된 아이디어에 도달할 수 있다는 사실을 보여주었다. 즉 이런 하나의 벽돌, 보다 전문적으로 표현하면 하나의 염기쌍이 돌연변이를 일으킬 수 있다는 것이다. 벤저는 이러한 벽돌에 대한 이해를 통해 분자 생물학의 기초를 쌓아 올렸다.

하지만 여기서 멈추지 않은 벤저는 마음의 안정을 찾고자 캘리포니아공과대학교에서 안식년을 보내던 중 노랑초파리에 눈을 돌렸다. 그리고 이번에는 유전자가 행동에 어떻게 영향을 미치는지를 다루는 현대 신경유전학의 한 분야를 개척하는 새로운 지평을 열었다. 물론 이전에도 이 현상을 조사하기 위해서 교배를 통해 복잡한 행동 특성을 변경하거나 선택적 육종을 통해 형질을 향상시키려는 시도가 있었다. 하지만 벤저는 다른 접근 방식을 염두에 두고 있었다. 바로 특정 행동을 변화시키는 단일 유전자 돌연변이를 알려줄 모델 생물을 찾는 것이었다. 이렇게 선택된 실험실 도구가 노랑초파리였다. 처음에는 동료들을 납득시키지 못했지만 벤저는 주저하지 않았다. 당시에 대해 그는 이렇게 회고한다. "모든 사람이 무언가를 하지 말라고 하면 하지 않는 게 맞고, 모든 사람이 무언가를 해야 한다고 해도 그것을 하지 않는 게 맞다. 하지만 만나는 사람의 절반은 무언가를 하라고 하고 절반은 그건 터무니없는 미친 짓이라고 하면, 확실히 그 일을 하는 게 맞다."

벤저는 안식년을 무기한 체류로 바꾸었고, 유전자와 행동이 어떻게 연결되는지를 살피는 과정에서 이 작은 곤충이 우리가 처음에 생각했던 것보다 훨씬 더 정교하다는 사실을 알아냈다. 여기에는 주기나 리듬을 일정하게 맞추는 능력도 포함되었다. 1973년 벤저는 노랑초파리의 일주기 리듬 돌연변이에 대한 논문을 발표했다. 이 논문에 따르면 노랑초파리는 우리 인간과 마찬가지로 신체 내부 시계나 일주기 리듬을 가지고 있는데, 벤저가 만든 돌연변이는 단일 염기의 DNA가 변형된 것이 분명했다. 이 돌연변이가 생기면 개체 내에 일주기 리듬을 생성하는 내부 시계가 전혀 존재하지 않거나, 24시간이 아닌 약 17시간마다 작동해서 지나치게 일찍 일어나는 개체가 태어나거나, 또는 리듬이 약 27시간인 개체가 태어났다. 벤저는 이 돌연변이에 '피리어드(주기)'라는 이름을 붙였다. 우리 몸에도 노랑초파리와 동일한 시스템이 존재한다. 비록 포유류에게는 조금 더 복잡하게 나타나지만, 본질적으로 유전자가 같고 작동 방식 또한 기본적으로 같다. 벤저는 이렇게 노랑초파리를 이용해서 일주기 리듬을 알아냈고, 노화와 함께 그것을 되돌리는 연구도 했다. 심지어 초파리가 학습할 수 없다는 사실도 알아냈다(이런 것까지 연구하다니 그가 꽤 친숙하게 느껴진다).

유전자를 밝히는 초기 단계에서부터 노랑초파리는 다양한 분야에서 몸값이 높아졌다. 이제는 이 곤충을 활용해 신경 퇴행이나 암, 수면을 비롯한 수많은 연구 주제로까지 용도가 엄청나게 확장되었다. 이를 계기로 노랑초파리는 지구에서뿐만 아니라 우주로 올려보낸 최초의 동물이 되었다. 1947년 2월 20일, 노랑초파리들이 V2 로켓에 탑승한 채 미국 뉴멕시코의 미사일 발사장에서 우주로 발사되며 지구 최초의 우주비행

작은 정복자들

조그만 우주선에 탄 조그만 우주비행사들!

사가 되었다. 이 탐험가들은 108킬로미터 상공을 비행하다가 낙하산을 타고(개별 곤충이 아닌 로켓에 장착된 낙하산을 타고) 지구에 돌아왔다. 이 과정에서 노랑초파리들은 미국항공우주국 NASA가 우주의 출발점으로 인정하는 지점에서 1.5킬로미터를 더 비행했다. 로켓에 날개 달린 곤충을 태워 보낸다는 아이디어는 지금 생각해도 재미있다.

노랑초파리는 그 이후로 여러 우주 임무를 수행했다. 심

노랑초파리

지어 NASA에는 '노랑초파리 실험실'도 있다. 2014년 이래로 국제우주정거장의 노랑초파리 실험실은 신체 시계 유전자의 발현부터 신체 방어 시스템에 이르기까지, 장기간에 걸친 우주 임무가 몸에 미치는 영향을 연구하는 여러 실험의 무대가 되었다. 신경생물학자인 샤밀라 바타차리아(Sharmila Bhattacharya) 박사는 NASA의 에임스연구센터(ARC)에 속한 실험실을 이끌고 있으며, 2015년부터 노랑초파리들을 셔틀에 태워 우주로 보내는 일에 참여하고 있다. 비록 몸집에 맞는 작은 우주복 대신 트럼프 카드 크기의 작은 카세트에 담겨 빵 담는 용기보다 작은 공간에 수천 마리가 갇혀 있지만 말이다. 이번에도 빠르게 번식하는 능력에 더해 최소한의 주거 요건만으로도 충분하다는 점이 우주 공간에서 실시하는 연구에 더없이 이상적이었다. 이런 연구를 통해 몸집이 더 큰 인간 우주비행사가 우주여행으로 받게 되는 영향을 파악할 수 있다.

그동안 바타차리아를 비롯한 여러 연구자들은 노랑초파리가 우주 생활에 어떻게 적응하는지 연구해왔다. 이 곤충의 가치는 무엇보다 단기간에 여러 세대를 연구할 수 있다는 점이다. 이를 통해 우리는 노랑초파리가 삶의 모든 단계에서 외계 조건에 어떻게 적응하는지, 그리고 수면 습관 등에서 어떤 생리적 변화를 겪는지 확인할 수 있다. 많은 이들이 증언하듯이 수면은 인간에게 매우 중요하다. 우리 몸과 뇌는 적절한 기능을 유지하기 위해 수면 중에 청소와 수리, 휴식 시간을 갖는다. 그런데 잠을 자다가 방해받아 깨면 다음 날 아침에 어떤가. 다들 머리가 안개 끼듯 뿌옇게 되는 경험이 있을 것이다. 게다가 기억력이 떨어지고 몸이 피곤하며 면역계에도 안 좋은 영향을 미친다. 여기에 전문 용어로 '미세중력(microgravity)'이라 불리는 무중력에 가까운 조건까지 더해지면 장시간 우주 비행 동안 어떤 영향을 받는다는 건 분명하다.

2020년 바타차리아와 동료들이 '우주비행사 노랑초파리'에 대해 수행한 최신 연구에는 우주라는 조건이 심장의 기능에 미치는 최초의 통찰이 담겼다. 이 초파리들은 우주에서 태어났기에 미세중력의 영향을 받아 인간의 30년에 해당하는 생애 첫 3주를 무중력 상태에서 보냈다. 지구에 막 도착한 이 '외계 곤충'들은 연구 결과에 중력이 영향을 미치지 않도록 설계한 실험실 환경으로 빠르게 옮겨졌다. 연구자들은 노랑초파리들을 시험관에 올라가게 하는 소규모 체력 테스트를 거친 뒤 심박수와 심장의 수축력을 측정했다. 그리고 지구에 사는 보통의 노랑초파리들과 비교한 결과 우주 초파리들의 심장 박동수가 더 작다는 사실을 발견했다. 그뿐만 아니라 우주 초파리들은 근육의 배열에 변화가 생겨 수축을 유발했고 근육량도 감소했다. 이 연구는 우주에서 우리 몸에 어떤 일이 생기는지 이해할 수 있을 뿐만 아니라 우리의 일상생활을 이해하는 데에도 도움을 준다. 이런 현상은 심장마비가 발생한 직후 심장에서 벌어지는 일과 정반대가 되기 때문이다. 이제 다음 단계는 근육 발달에 영향을 미치는 단백질이 무엇인지 알아내는 것이다.

모건이 노랑초파리를 과일 그릇에서 실험실로 가져온 이후로 과학자들은 많은 발전을 이루었다. 모건은 이 곤충을 살아 있는 유기체에서 실험 장비의 일부로 바꾸었다. 그는 노랑초파리의 작은 몸집, 높은 번식력과 짧은 수명, 배양에 따르는 저렴한 비용과 용이성, 적은 염색체 개수, 돌연변이나 교배 실험을 견디는 능력을 십분 활용했다. 한 세기가 지난 지금도 노랑초파리 연구자가 될 사람들, 그리고 이미 정식 연구자인 사람들은 누구나 이 장점을 똑같이 누릴 수 있다. 어느 교과서에는 이런 농담도 담겨 있다. "노랑초파리는 종종 여러분이 수행할 중요한 프로젝트에 대해 얼마간의 수습 기간을 거치도록 한다. 이 곤충은 여러분이 진지한 연구자라고 확신이 들기 전까지는 일을 시작하지 않을 것이다."

노랑초파리는 단지 먹고 마시기, 짝짓기처럼 자기가 가장 잘하는 일을 하는 것만으로도 인간의 유전 질환과 유전적 오류 가능성에 대한 새로운 정보를 선사하는 강력한 연구 시스템이며, 이 사실은 지금까지 여러 차례에 걸쳐 입증되었다. 참으로 부러운 일생이다.

큰공작나방(*Saturnia pyri* (Denis & Schiffermuller, 1775))을 묘사한 목판화(1852년).

04
변화하는 생애 주기

누에가 실을 자아 동굴을 만드네
그리고 스스로 감쌀 수의를 만드네
창자에서 비단실 한 무더기를 뽑아
몸에 무덤을 짓네
그리고 그 재에서 새끼가 나오네
새끼에게 삶을 선사하고 누에는 죽는다네
-마거릿 루카스 캐번디시, 1671(2판)

지금으로부터 고작 350여 년 전만 해도 곤충이 먼지나 진흙에서 자연적으로 알을 낳았다고 하는, 믿기 힘든 사실이 널리 받아들여졌다. 1671년 철학자이자 작가, 과학자, 시인이던 뉴캐슬어폰타인 공작부인 마거릿 루카스 캐번디시(Margaret Lucas Cavendish, 1623~1673)는 이런 극적인 '과정'을 그린 시를 발표했다. 죽은 애벌레가 부패한 곳에서 나비가 나온다는 그런 내용이었다. 오늘날 우리는 이것이 사실이 아니라는 것을 알지만 그렇다고 해서 진실이 덜 극적인 것은 아니다. 곤충은 애벌레에서 날아다니는 성충으로 탈바꿈하는 놀라운 생활사 덕분에 육상의 거의 모든 서식지를 정복할 수 있었다.

그 밖에도 곤충은 여러 민물 생태계에서도 발견되며 해양 환경으로도 진출했다. 아, 노랑초파리가 우주 비행을 했다는 사실도 잊지 말자. 전체 곤충의 20퍼센트는 일련의 탈피를 통해 성체가 된다. 그리고 약 2억 8,000만 년에서 3억 년 사이에 발생 측면에서 급격한 변화가 일어나, 오늘날 곤충 대다수가 거의 '완전한 체형 변화'를 겪는 것으로 보인다. 확실히 지구상에서 가장 놀라운 일로 손꼽힐 만하다. 이런 곤충들을 가리켜 '완전변태를 한다'라고 말하는데, 변태를 뜻하는 '메타모포시스(metamorphosis)'라는 단어는 '변신'을 의미하는 그리스어에서 비롯됐다. 숫자로만 보면 지구상 모든 동물 종 가운데 65퍼센트가 변태를 한다.

지구상에 존재하는 수많은 곤충들은 지금까지 살아남은 사실만으로 변태가 하나의 번식 전략으로서 성공적이라는 사실을 알려준다. 변태는 오랫동안 오해와 신비주의를 불러일으키고 오늘날까지 생물학적인 수수께끼로 남아 있는데, 이제는 환경적으로도 중요해졌다. 다소 흥미 위주일 수 있지만 밝은 초록색 애벌레가 털이 많은 황제나방으로 변할 수 있다는 것, 꿈틀대는 흰 구더기가 금속성으로 빛나는 검정파리로 변할 수 있다는 사실은 꽤 놀랍지 않은가? 주변 사람들에게 한번 물어보라. 이렇게 변화를 겪는 시기에 실제로 이들에게 무슨 일이 일어나는지 생각해본 사람은 거의 없을 것이다. 이것은 곤충의 삶에서 숨겨진 부분이다. 곤충을 이해하려면 먼저 곤충이 가진 다양한 삶의 단계를 알아야 한다.

곤충의 네 가지 주요 목인 나비목(나비와 나방), 딱정벌레목(딱정벌레), 파리목(파리), 벌목(꿀벌, 말벌, 개미벌, 잎벌)은 모두 완전변태를 하는 곤충이다. 대부분 알에서 유충으로, 다시 번데기, 성충으로 넘어가는 완전한 변형을 겪는다. 사람들은 흔히 성충만을 곤충으로 여기며, 성충이라는 성대한 피날레 이전에 겪어야 하는 세 가지의 더 긴 단계들은 간과한다. 만약 여러분이 정원을 가꾼다면 이런 곤충의 애벌레에 대해 한 번쯤 생각해본 적이 있을 것이다. 하지만 정말로 이 기간에 이들에게 무슨 일이 벌어질까?

곤충이라는 생명체가 어떻게 처음 세상에 출현했는가에 대해서는 오랜 세월에 걸쳐 널리 퍼져 있긴 했지만, 애벌레와 성충을 연결 짓는 사람은 드물었다. 고대 이집트인들은 양봉꿀벌(*Apis mellifera* Linnaeus, 1758)이 땅에 떨어진 태양신 라(La)의 눈물이 변형되어 나온 존재라고 믿었다. 이집트인들은 인류 최초의 양봉가이기도 해서 세누스레트 3세(기원전 1870~1830)가 통치한 기간에는 벌집에서 벌꿀을 비롯해 다른 산물을 얻는 데 그치지 않고 꿀벌을 제대로 키웠다. 물론 처음에는 우연히 그렇게 했지만, 이집트인들이 연기를 이용해 꿀벌을 진정시킨 다음 황금색 꿀을 뽑아냈다는 증거가 있다. 이 모든 과정이 이집

작은 정복자들

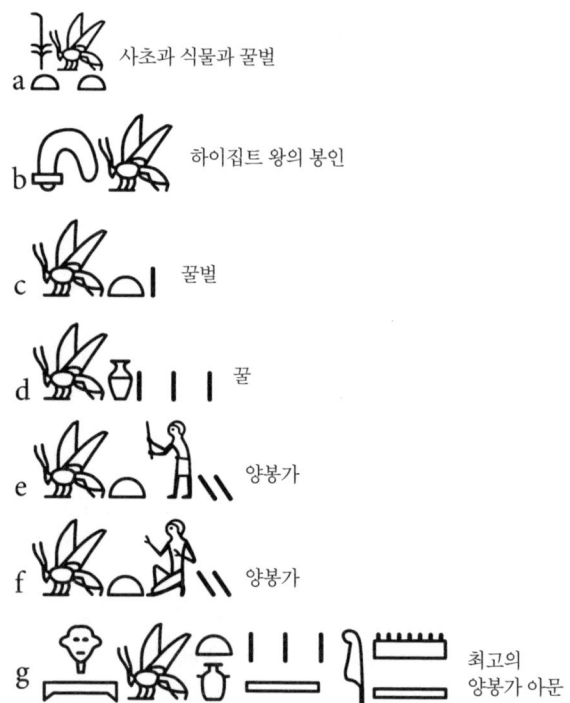

꿀벌과 관련된 신성문자.

트 신성문자로 자세히 기록되어 있다. 다만 꿀벌의 생활사에 대한 이집트인들의 생각은 여기에 설명되어 있지 않다.

그리스와 로마인들 또한 이집트인들만큼이나 꿀벌을 숭배했으며, 꿀벌과 그 친척들에 대해서도 많은 글을 남겼다. 이

변화하는 생애 주기

름만으로도 누구인지 다 알 만큼 유명한 아리스토텔레스는 생물이 무생물에서 나온다는 자연발생설을 믿었으며, 이 이론을 최초로 제시한 학자 중 한 사람이다. 그렇다. 벼룩이 먼지에서 나오고 구더기가 썩은 살코기에서 나오는 것처럼, '활력을 가진 열기'인 '프네우마'를 포함한 물질이 생명체를 만든다는 이론이다. 이런 주장은 아리스토텔레스가 처음은 아니다. 성경에서 여호와는 모세에게 "네 지팡이를 들어 땅의 티끌을 치라 하라. 그것이 애굽 온 땅에서 이가 되리라(《출애굽기》 8:16, 개역개정판—옮긴이)"고 말한다. 정말 대단한 실력이다.

곤충이 무생물에서 만들어진다는 이 이론은 오랫동안 지속되었다. 독일의 예수회 소속 학자였던 아타나시우스 키르허(Athanasius Kircher, 1602~1680)는 현미경이라는 새로운 장비를 도입해 미생물을 비롯해 아주 작은 대상을 최초로 연구한 인물로 꼽힌다. 하지만 그럼에도 키르허는 번식할 것으로 여겨지지 않는 하등한 생물을 만드는 방법에 대한 책을 펴냈다. 개구리, 뱀, 전갈, 곤충이 여기에 포함되었다. 1664년에 처음 출간된 《문두스 서브테라네우스》는 키르허의 저작 가운데 가장 인기가 높았다.

아무런 준비 없이 파리를 만들어보고 싶은가? 키르허의 '레시피'에 따라 다음과 같이 하면 된다(1668년 출간본 576페이지를 1979년에 번역한 Gottdenker의 판본에 따름). "여러 마리의 파

작은 정복자들

집에서 곤충과 개구리, 뱀, 전갈을 만드는 방법을 실은 《문두스 서브테라네우스》.

리 사체를 모아 살짝 부숴라. 그리고 이것을 황동 접시에 올린 다음 꿀물에 불려라. 이제 화학자들이 하는 것처럼 석탄 위에 재나 모래를 깔고 뜨겁지 않은 열기에 노출시켜라. 석탄 대신 말똥을 사용해도 된다. 대상을 확대하는 현미경을 통해 관찰하면 맨눈으로는 보이지 않던 벌레가 날개 달린 작은 파리가 된 것을 볼 수 있으며 크기가 커지고 활기를 띤 제대로 갖춰진 표본이 되었음을 알 수 있다."

당시 키르허를 비롯한 많은 사람들이 이런 재미있는 자연발생설을 진짜라고 믿었다. 이 이론이 마침내 뒤집힌 것은 이탈리아의 의사 프란체스코 레디(Francesco Redi, 1626~1697) 덕분이다. '현대 기생충학의 아버지'라 불릴 정도로 곤충보다는 기생충을 주로 연구한 인물이지만, 레디는 자연발생설을 포함한 당대의 부정확한 과학적 믿음을 반박하는 데 중요한 역할을 했다. 1668년 레디는 《곤충의 발생에 관한 실험》이라는 책을 출간했는데 이 책에서 그는 구더기가 먹이(이 경우에는 죽은 뱀)에서 '등장'하거나, 더 정확하게는 발견되기 위해서는 성체 파리가 필요하다는 사실을 예측하고 증명했다. 레디에 따르면 "부패한 사체, 또는 어떤 종류든 물질이 썩은 오물에서 벌레를 불러일으킨다." 레디는 실험이라는 방법론을 믿었고, "관찰 결과를 검증하려면 조사하려는 대상에 접근하거나 물러나야 하고, 밝아 보이는 곳처럼 위치에 변화를 주어야 하는 경우가 많다"라고 주장한 점에서 특이했다. 그는 이전 사람들이 제안하거나 당연하게 받아들인 사실에 대해 철저하게 접근하고 의문을 제기했다.

파리가 어떻게 구더기로 이어지는지에 대한 레디의 묘사는, 우리가 마치 그 현장에 있는 것처럼 생생하다. 그만큼 호기심에 차서 글을 썼기 때문이리라. 이 글을 읽다 보면 다음에 무슨 일이 벌어질지 궁금해진다! 죽은 뱀을 뚜껑이 열린 상자에 넣은 레디는 얼마 지나지 않아 '벌레(구더기)'들이 먹이를 먹고 자라다가 탈출하는 흥미로운 장면을 목격했다. 호기심이 동한 레디는 앞의 실험과 똑같이 하되 이번에는 구더기들이 탈출할 수 없도록 상자를 봉하고 지켜보았다. 레디는 갇힌 구더기들이 '잠든' 것처럼 모든 움직임을 멈추고 '알'로 변했다고 설명했다. 이 알 모양을 띤 것들은 색이 진해지더니 결국 검게 변했다(레디는 '번데기'라는 용어를 사용하지 않았다). 이후 레디가 검은 알을 별도의 유리그릇에 옮기자 8일째 되는 날 다음과 같은 모습이 관찰되었다. "날개를 단 채 반쯤 완성된 것처럼 기형이고 활기가 없는 회색 파리가 나타났다. 하지만 몇 분이 지나자 날개가 작은 몸체에 정확히 비례하도록 펼쳐지기 시작했고 모든 부위에서 대칭을 이루었다. 이후 새로 만들어진 것처럼 생명체 전체가 회색빛을 잃고 가장 밝고 생기 넘치는 초록색을 띤 몸으로 자라났다. 그동안 작은 껍데기에 담겨 있었다는 사실이 놀라울 정도였다." 나 역시 정원에서 이 과정을 목격한 적이 있는데, 엄청난 경외심이 느껴졌던 만큼 여러분도 한 번쯤 직접 관찰하기를 추천한다.

레디는 이 실험에 온갖 종류의 동물을 사용했는데, 덮개를 사용했을 때와 거즈로 덮었을 때를 비교하는 것이 무엇보다 중요했다. 덮개가 있는 상자에서는 구더기가 나오지 않았지만 뒤이어 거즈로 덮인 상자를 사용하자 구더기와 성체 파리가 둘 다 나왔다. 성체에는 구더기가 필요했고 구더기에게는 성체가 필요했다. 자연발생설이 치명타를 맞기는 했지만 유감스럽게도 완전히 사라지기까지는 오래 걸렸다. 레디는 매우 뛰어난 시인이기도 했기에 아리스토텔레스에 대해 짧은 구절로 자신의 감정을 간결하게 표현했다. "그는 아리스토텔레스이니, 그동안 거짓말을 했다 해도 믿어야 한다."

한편, 레디와 같은 시대에 산 네덜란드의 생물학자이자 현미경학자인 얀 스바메르담(Jan Swammerdam, 1637~1680)은 고대인의 견해를 맹목적으로 따르는 사람들을 매섭게 비판했으며 아리스토텔레스의 주장을 반박하기 위한 작업을 수행했다. 당시 네덜란드 라이덴대학교에서 의학을 배운 스바메르담은 인간의 자궁을 포함해 인체를 섬세하게 해부해 큰 발견을 했다.

하지만 스바메르담의 관심사와 재능은 인간보다 훨씬 작은 생물들을 해부하는 데 있었다. 그의 아버지 얀 야콥스준(Jan

Jacobszoon, 1606~1678)은 암스테르담의 큰 부두 바로 남쪽에 자리한 약국을 운영했는데, 그곳에는 선원들이 여행에서 수집한 특별하고 별난 동식물을 전시하는 '호기심의 캐비닛'이 여러 개 있었다. 이 캐비닛이 아들의 상상력을 자극시킨다는 사실이 아버지 야콥스준에겐 늘 걱정거리였다. 경제적인 불안정을 우려해 아들이 좀 더 안정적이고 전통적인 인생을 살기 바랐기 때문이다. 그렇지만 당시 라이덴대학교는 유럽 자연사 연구의 중심지였던 만큼 젊은 스바메르담은 아버지의 바람을 뒤로한 채 작은 단일 렌즈 현미경이라는 새로운 기술의 도움을 받아 곤충을 정교하게 해부하고 그림을 그리기 시작했다. 이때 발견한 결과물은 아리스토텔레스의 자연발생설에 대한 믿음을 뒤집을 만했지만, 실제로 그렇게 된 것은 누군가가 누에에 관한 연구를 발표하면서부터였다.

    1669년, 이탈리아의 생물학자이자 물리학자인 마르첼로 말피기(Marcello Malpighi, 1628~1694)도 단일 렌즈 현미경을 사용하기 시작했다. 말피기는 현미경 해부학의 창시자로 불리며 누에에 관한 심층 연구서인 《누에》를 출간했다. 이 책은 엄청나게 유명해졌는데, 1667년 런던왕립학회의 비서인 헨리 올덴버그(Henry Oldenburg)가 말피기에게 편지(연구서의 내용을 왕립학회 회원들에게 발표하고 싶은지 의사를 묻는 내용)를 쓰지 않았다면 이 책이 그렇게 널리 알려지지 않았을지도 모른다. 올덴

변화하는 생애 주기

버그의 편지를 받은 말피기는 마침 원고를 막 마무리했던 만큼 알맞은 시기에 그것을 보냈다. 원고를 받은 왕립학회는 출간 비용을 부담하기로 했다. 그림이 접혀서 들어갔고 판형이 컸기에 돈이 많이 들었지만 학회는 지출을 아끼지 않았다. 이 책은 영국의 로버트 훅이 《마이크로그라피아》라는 제목으로 현미경에 대한 책을 펴낸 지 4년 만에 출간되었다. 두 책 모두 놀랍도록 상세하고 정확한 삽화를 실어 오랜 세월이 지나도 가치가 여전했다. 다른 점이 있다면 훅은 말피기처럼 직접 해부를 하지 않았다는 것이다.

스바메르담은 당시 해부학과 생리학 분야의 권위자로 이미 인정받았기에 《누에》를 증정받았다. 누에를 포함해 여러 곤충을 정교하게 해부한 이 책 덕분에 이전에는 전혀 알지 못한 방식으로 곤충의 발생과 변태에 대한 지식을 쌓았다. 1669년에 출판된 박사 논문 〈곤충의 일반적인 역사〉에서 그는 동물이 어떻게 발생하는지에 따라 분류 체계를 만들기 시작했는데, 이것은 칼 린네가 오늘날까지 널리 사용하는 체계를 완성하기 100년 전에 이루어진 중요한 작업이었다. 스바메르담이 '목(order)'이라는 용어를 사용해 묶은 첫 번째 무리에는 거미, 전갈, 알에서 부화한 이후 거의 변하지 않는 불변태 곤충을 포함한 절지동물이 뒤죽박죽으로 포함되어 있었다. 두 번째 무리는 약충(若蟲)에서 성체까지 점진적으로 변화하는 곤충들이었고,

작은 정복자들

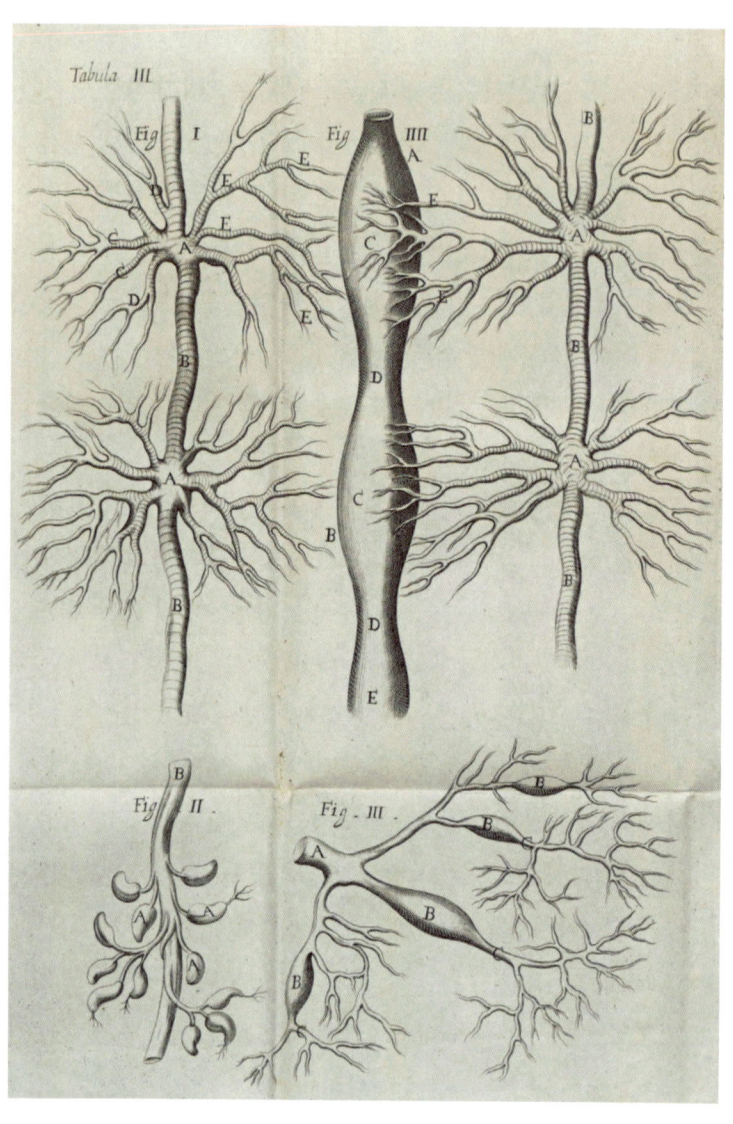

누에의 혈관계에 대해 묘사한 판화로, 마르첼로 말피기의 《누에》(1669)에 실려 있다.

변화하는 생애 주기

세 번째와 네 번째 무리는 완전변태를 하는 곤충들이었다. 놀랍게도 스바메르담은 곤충이 복잡한 내부 기관을 가졌다는 사실까지 자세히 보여주었다. 이 과정에서 그는 아리스토텔레스 전통의 교리를 깨고 곤충의 변태(자연발생설이 아닌)와 복잡성을 드러냈다.

곤충의 내부에 대한 해부학과 곤충의 행동에 대한 스바메르담의 우아한 관찰은 네덜란드의 영향력 있는 화가이자 박물학자인 얀 후다르트(Jan Goedart, 1617~1668)의 작업물에 대한 강력한 대응이었다. 《자연 속 변태》에서 곤충의 성장과 변태가 갖는 특징을 묘사한 후다르트는 나비가 애벌레의 부패에서 비롯되며 "같은 종의 애벌레에서 나비와 파리 82마리가 생긴다"라고 제안했다. 이런 의견이 논쟁에 혼란을 더한 것은 분명했다. 스바메르담은 후다르트가 상상력에 빠져 여러 동물을 불완전하게 잘못 묘사했을 뿐만 아니라, 일부 곤충에 대해서는 "진정한 자연사"라기보다는 소설처럼 읽혔다고 밝혔다. 그러면서 "이 문제에 대해서는 자의적인 생각이 아니라 실험으로 논박해야 한다"고 주장했다.

이 시기에 등장한 곤충 해부학 분야의 그림과 관찰, 지식은 경이로울 정도다. 다만 당시 과학자들은 곤충이 작은 데다가 소기관은 더욱 작고 많아서 눈으로 제대로 볼 수 없다는 문제에 직면했다. 이 문제를 해결하기 위해 간단한 렌즈를 사용하기도 했지만, 대물렌즈와 접안렌즈를 모두 갖춘 복합 현미경은 1600년경에야 최초로 등장했다. 복합 현미경을 정확히 누가 발명했는지는 확실치 않지만 네덜란드의 안경 제작자 자하리아스 얀센(Zacharias Janssen)이 유력 후보로 꼽힌다. 그렇지만 작업물과 함께 엄청나게 강력한 현미경을 발명해서 (한동안) 영향력을 발휘한 이는 또 다른 인물이었다. 훅도 3개의 렌즈와 조명을 활용해 현미경의 설계를 다듬은 방식을 묘사한 적이 있지만, 네덜란드의 미생물학자 안토니 판 레이우엔훅(Antonie van Leeuwenhoek, 1632~1723) 역시 자기만의 현미경을 만들어 박테리아와 원생동물(그가 의미심장하게 '조그만 동물들'이라고 부른)을 최초로 관찰해 그림으로 그렸고, 보다 유명해졌다. 레이우엔훅은 현미경을 제작하는 실력이 대가급이었고, 스바메르담이 선호하던 단일 렌즈를 만들었다. 레이우엔훅이 유리를 솜씨 좋게 연마해서 매끄럽고 정교한 렌즈를 만든 덕분에 이 렌즈를 사용한 현미경은 물체를 최대 300배나 확대할 수 있었다.

    단일 렌즈 현미경의 기능이 새로이 향상된 이후로 스바메르담은 번데기 단계의 애벌레가 성체가 되기 전에도 더듬이, 날개, 머리, 심지어 복부의 일부분 등 성체의 여러 내부적 특징을 가지고 있음을 알게 되었다. 비록 렌즈의 품질이 낮아 오류가 발생하기도 했지만, 그래도 과학계에서 중요한 순간이었다.

레이우엔훅이 제작한 현미경의 복제품.

죽은 애벌레의 잔해나 곤죽에서 나비가 나왔다는 주장은 더 이상 근거가 충분하지 않았고, 그보다는 생명이 연속적이라는 사실이 분명해졌다. 즉 동물은 형태만 바뀔 뿐이었다. 여기에 대해 스바메르담은 이렇게 썼다. "번데기는 미래에 성체가 될 모든 부분을 포함할 뿐만 아니라 실제로 그 동물 자체다. 배아를 담고 있는 애벌레가 모습을 바꿨을 뿐이고 여기서 날개 달린

성체가 나온다."

스바메르담은 유럽의 유명인들 앞에서 파티의 여흥으로 누에의 껍질을 벗기는 시연을 선보였다. 가정에서 기르는 누에나방(*Bombyx mori* (Linnaeus, 1758)) 애벌레 안에 아직 제대로 발달하지 않은 날개가 있다는 것을 보여주기 위해서다. 이렇게 스바메르담은 완전히 별개인 것처럼 보이는 두 유기체가 실제로 동일하다는 사실을 사람들 앞에서 증명했다. 청중들 가운데는 끔찍한 결혼 생활에서 벗어나는 동시에 자신이 지내던 지역을 벗어나 과학과 예술을 배우고자 북유럽을 순방 중이던 토스카나 대공인 메디치 가문의 코시모 3세(Cosimo III de Medici, 1642~1723)도 있었다. 스바메르담은 이렇게 결론을 내렸다. "나비와 파리, 그 밖의 곤충들이 가진 모든 부속지는 실제로 애벌레 안에서 자라며, 이것은 다른 동물들의 부속지나 팔다리와 마찬가지다. (…) 이 부위들은 결코 갑자기 한꺼번에 생성되지 않고, 그것을 덮은 피부 아래에서 점진적으로 천천히 자라난다."

17세기 과학 혁명의 수혜를 입은 스바메르담에게 자연에 대한 이러한 발견은, 모호하고 신비로운 종교적 신념을 약화시키기보다 오히려 강화했다. 그 결과 그의 과학적 탐구와 종교적 태도는 서로를 보완했다. 스바메르담은 신이 세상을 창조한 만큼 세상은 완벽해야 한다고 확신했다. 그에 따라 그는 자연에서 질서를 찾았고, 자연발생설에 대한 고대의 믿음은 우연이 관여할 문을 열어두는 만큼 신의 전지전능함을 부정하는 것이라고 주장했다. 스바메르담은 자연발생설이 "무신론으로 가는 왕도"이며 우리 자신의 기원에 대해서도 의문을 제기한다고 여겼다. 저서인 《자연의 책》에서 그는 이렇게 단언했다. "세대에서 세대로 이어지는 생명체가 우연의 대상이라면, 어째서 인간은 그런 방식으로 쉽게 만들어지지 않을까?"

이러한 종교적 신념과 과학자로서 10여 년 남짓한 짧은 경력에도 불구하고 스바메르담은 스스로 17세기의 뛰어난 비교 해부학자 중 한 사람임을 증명했다. 곤충은 다른 커다란 생물만큼이나 복잡하며, 자연발생설에 등장하는 여러 사례 가운데 연구 결과 진짜인 것은 아무것도 없다는 사실도 보여주었다. 스바메르담의 관찰은 곤충의 구조, 변형, 분류에 대한 현대 지식의 기초가 되었다.

스바메르담이 곤충의 변태라는 이 미지의 영역에서 명확하게 주장한 시각적인 논증은 일찍이 독일의 저명하고 인습에 얽매이지 않는 자연과학 분야의 삽화가 마리아 지빌라 메리안(Maria Sibylla Merian, 1647~1717)에 의해 받아들여졌다. 메리안은 스바메르담이 연구를 발표한 직후에 자신도 연구를 시작한 것으로 보이는데, 과학과 예술의 교차점을 의식적으로 연구하는 동시에 영적인 아이디어에 매혹된 뛰어난 예술가이자 삽화가다웠다. 메리안의 연구 결과는 런던 자연사 박물관(그리고 다른 이름난 단체들)의 도서관과 아카이브에서 찾아볼 수 있으며, 여기에는 남아메리카 수리남에 서식하는 곤충 186종의 생활사를 그린 이미지도 포함되어 있다. 특히 자연 서식지에서 곤충의 변태를 세심하게 관찰한 메리안의 섬세한 수채화는, 여성이 회원으로 합류하려면 앞으로 250여 년은 더 지나야 할 영국 왕립미술원의 주목을 받았다.

 자연사 박물관에서 일하는 사서 그레이스 투젤(Grace Touzel)은 훌륭한 예술 작품을 비롯해 메리안의 여러 유산을 연구했다. 여기에는 단순히 오래된 작품만이 아니라 《수리남 곤충의 번식과 기적적인 변화들》이라는 창의적인 제목을 붙인 책을 비롯해 여러 정교한 그림들이 포함되었다. 이 대단한 저작을 통해 메리안은 여러 곤충과 거미의 생활사에 관심을 보이며 과학적으로 새로운 관찰을 여럿 보여주었다. 또한 최초로 숙주 식물과 함께 이런 동물들을 그린 점 또한 주목할 만했다. 이 이야기가 나에게 놀라운 이유는 메리안이 1699년에 직접 수리남으로 갔고 1705년에 책을 출판했기 때문이다. 이때 현장 조수는 21살 난 메리안의 딸 도로테아였고 메리안은 당시 52세였다!

 투젤은 저서 《자연사 박물관 도서관의 희귀한 보물들》(2017) 속 메리안에 대한 글에서 그녀가 13살 무렵 이미 누에를 키우며 연구하고 있었다고 설명한다. 메리안은 1647년 프랑크푸르트의 예술가 집안에서 태어났는데, 아버지 마타우스

MARIA SYBILLA MERIAEN
Over de
VOORTTEELING en WONDERBAERLYKE
VERANDERINGEN
DER
SURINAAMSCHE
INSECTEN,

Waar in de Surinaamsche RUPSEN en WORMEN, met alle derzelver Veranderingen, naar het leeven afgebeelt en beschreeven worden; zynde elk geplaatst op dezelfde Gewassen, Bloemen en Vruchten, daar ze op gevonden zyn: Beneffens de Beschryving dier Gewassen. Waar in ook de wonderbare PADDEN, HAGEDISSEN, SLANGEN, SPINNEN en andere zeltzaame Gediertens worden vertoont en beschreeven. Alles in Amerika door den zelve M. S. MERIAEN naar het leeven en leevensgrootte geschildert, en nu in 't Koper overgebragt.

마리아 지빌라 메리안이 저술한 《수리남 곤충의 번식과 기적적인 변화들》 (초판은 1705년 《수리남 곤충의 변태》로 출간했으며 메리안이 사망한 뒤 이렇게 제목이 바뀌어 다시 출판되었다 – 옮긴이).

메리안(Matthäus Merian, 1593~1650)은 아이러니하게도 병을 치유하는 곳으로 이름난 바트슈발바흐(랑겐슈발바흐)에서 목욕을 하던 중 겨우 3살인 딸을 두고 세상을 떠났다. 하지만 메리안에게 영감을 주는 아버지 같은 존재가 없었던 것은 아니다.

작은 정복자들

1년 뒤 어머니가 솜씨 좋은 정물화가인 야코프 마렐(Jacob Marrel, 1613/1614~1681)과 결혼했기 때문이다. 마렐은 어린 메리안이 자신만의 예술적인 기술을 개발할 수 있도록 가르치고 격려했다. 메리안은 커가면서 곤충에 매혹되었는데(나는 그 기분을 잘 안다) 11살부터는 구리판으로 판화 작업을 하고, 13살에는 자신이 관찰한 것들을 '공부 책(Studienbuch)'에 기록했다. 메리안의 친아버지는 사망하기 직전 요하네스 존스턴(Johannes Johnston)의 《자연사》 시리즈 첫 번째 권에 들어갈 판화를 제작하고 있었는데, 이 책에는 전 세계의 온갖 생물과 놀랄 만한 동물들이 등장했다. 책에 나오는 생물들은 대부분 진짜 존재했지만, 몇몇 기괴한 동물들은 꾸며낸 것들이었다. 이 책 가운데 한 권은 곤충을 다루고 있으며, 부제목은 '발과 날개를 가진 무시무시한 곤충들에 관한 책'이다. 나 역시 다채로운 내용을 담은 이 놀라운 책을 읽어봤는데 삽화는 정말이지 경외심을 불러일으킬 만했다.

메리안은 자기가 주변에서 보는 모든 것들을 그린 다음 공부하고 싶어 하는 아이였다. 그리고 운 좋게도 그 시절 누에와 멋진 나비를 선물로 받았다. 당시에는 애벌레나 벌레가 진흙과 배설물에서 '생성'된다고 여겼던 만큼 그렇게 존중받는 존재는 아니었다. 성체인 나비는 종종 마녀의 모습이 변한 존재라고 여겨졌다! 그것도 크림을 굳히거나 버터를 훔치는 등

변화하는 생애 주기

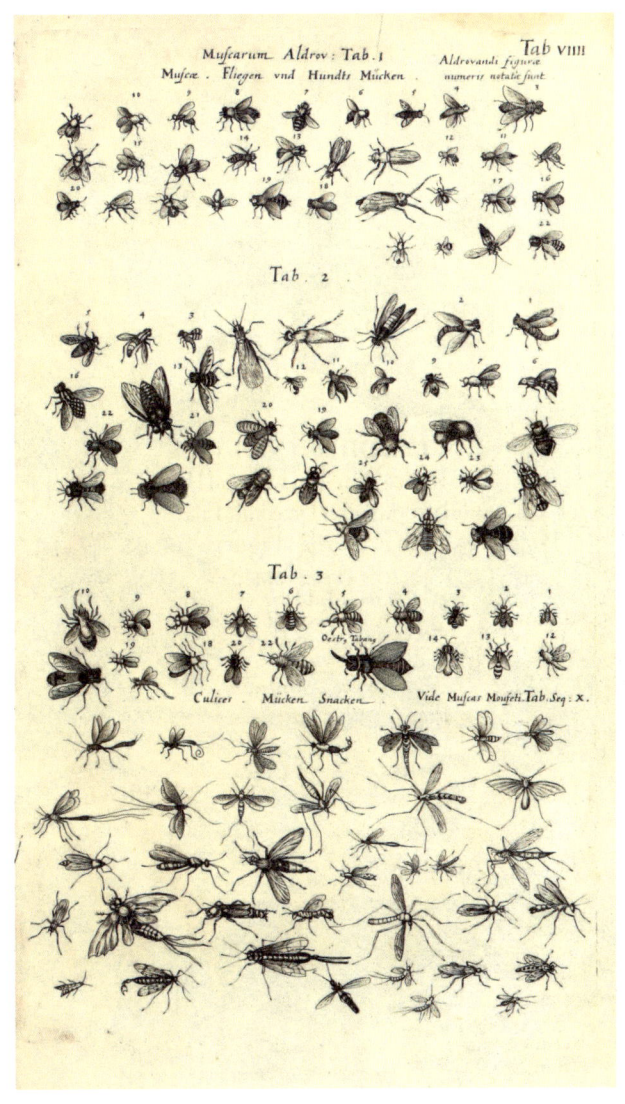

메리안의 아버지가 요하네스 존스턴의 저서 《자연사》에 그린 삽화.

작은 정복자들

요하네스 존스턴의 저서 《자연사》 3권 표지.
무시무시한 곤충에 대해 다룬다!

꽤 구체적인 모습으로 말이다. 나비를 뜻하는 영어 단어 '버터플라이(버터-파리)'는 이 암울한 시대를 암시해준다.

메리안은 '공부 책'에서 이 종들을 비롯해 여러 종들을 연구했으며, 관찰한 바에 대해 글을 쓰고 그림을 그렸다. 오늘날 이 책에는 285개의 그림이 수록되어 있으며(일부는 소실되었지만), 책 뒤쪽에는 많은 메모가 적혀 있다. 30년 넘게 편집된 이 책은 평생에 걸친 메리안의 열정이 잘 드러나 있다. 1719년 로버트 카를로비치 아레스킨(Robert Karlovic Areskin)이 메리안의 유산 가운데 있던 이 책을 구입했지만, 그가 사망한 뒤 러시아의 차르 표트르 1세에게 인수되었고, 차르가 사망한 이후로는 러시아 과학아카데미에 기증되었다.

메리안은 양아버지가 가장 좋아했던 제자인 화가이자 출판업자인 요한 안드레아스 그라프(Johann Andreas Graff)와 결혼한 뒤 독일 뉘른베르크로 이사했다. 남편이 예술가로 대단한 성공을 거두지 못했기 때문에 메리안은 가계에 보탬이 되고자 그림을 그리기 시작했다. 메리안은 종이가 아닌 실크나 리넨에 그림을 그렸고, 심지어 텐트에 페인트칠까지 했다! 이 기간에 그린 메리안의 그림은 세탁과 빛에 손상될 법도 한데, 여전히 상당수가 선명하게 남아 있다. 비록 종교적 갈등 탓에 남편을 떠나게 되었지만 메리안은 1677년에 《애벌레의 놀라운 변태와 꽃에서 따온 별난 먹이》를 펴냈다. 그녀는 이 책을 '첫 번째 곤

작은 정복자들

메리안의 아버지와 메리안이 요하네스 존스턴의 《자연사》에 그려 넣은
'무섭고 끔찍한' 곤충들.

변화하는 생애 주기

메리안이 13살 때 자신의 '공부 책'에 그린 누에의 변태 과정.

충 책'이라 불렀다. 전체 102페이지로 비교적 짧게 구성된 이 책은 최초의 생태학 교과서라고 불릴 만하다. 분류학에만 초점을 맞춘 것이 아니라 동물의 생활사와 환경, 그리고 보다 중요하게는 생활사를 그림으로 그리면서 주변의 숙주 식물에 대해서도 다루었기 때문이다. 메리안은 살아 있는 표본을 그렸고, 관찰을 통해 애벌레가 성충으로 변화하면서 여러 종류의 식물에 의존한다는 사실을 보여주는 메모를 남겼다. 1635년에서 1667년 사이에《자연 속 변태》(전3권)를 출간한 후다르트가 곤충의 생활사를 다뤘다는 점에서 메리안보다 앞섰을지도 모르지만, 메리안의 저작은 곤충의 생활사를 보다 넓은 생태계와 관련해 다룬 최초의 책이었다.

남편과 이혼한 후 메리안은 암스테르담으로 이주해 그곳에 작업실을 얻었다. 동시에 동식물 표본을 거래하는 사업가로도 활동했는데, 당시 대부분의 표본에 데이터가 갖춰지지 않은 사실에 한탄하기도 했다. 정말 시대를 앞선 사람이었다! 곧 메리안은 본국으로 돌아온 여행객들이 수리남에서 가져온 열대지방의 놀라운 표본들에 매혹되었다. 그리고 1699년 막내딸과 함께 대담하게도 현지의 곤충과 식물을 직접 보고 그리기 위해 수리남으로 떠났다. 그곳에서는 몇몇 조수들의 도움은 물론이고 현지어와 크리올어를 배우며 원주민들의 토착 지식에 크게 의존해야 했다. 이렇게 이국적인 세상을 온몸으로 받아들이며 써낸 메리안의 글은, 노예가 된 원주민이나 온갖 학대를 받는 아프리카 사람들이 어떻게 자신의 연구를 돕고 있는지 확인할 수 있다는 점에서 독특했다. 여기에 대해 통찰을 주는 한 사례가 현지에서 '플로스 파보니스(*Flos pavonis*)'라고 불리는 '공작꽃'이라는 식물이다. 메리안은 이렇게 썼다. "네덜란드인을 위해 봉사하며 좋은 대우를 받지 못하는 원주민들은 자녀가 자신과 같은 노예가 되지 않기 위해 낙태하는 데 이 식물을 사용한다. 기니와 앙골라의 흑인 노예들은 존중받아 마땅하며, 그

변화하는 생애 주기

렇지 않으면 이들은 노예 상태에서 자녀를 낳지 않으려 할 것이다. 이들은 제대로 된 대우를 전혀 받지 못하며, 가혹한 대우를 견디다 못해 '내세에는 고국에서 자유인으로 다시 태어날 것'이라 믿으며 자살하기도 한다. 이들이 나에게 이렇게 자기 입으로 직접 말했다."

하지만 1701년에 말라리아로 한바탕 병치레를 치른 메리안은 그림과 핀으로 고정한 곤충, 약품으로 절인 거미를 잔뜩 싸 들고 집으로 돌아갈 수밖에 없었다. 이때 메리안은 수리남의 곤충에 삽화를 곁들인 책 《수리남 곤충의 변태》 원고를 쓰고 그림을 그리라는 주변 사람들의 설득에 응했다. 1705년에 출간된 이 책은 색채가 풍부하고 화려한 삽화를 넣은 호화로운 책으로, 곤충이 변화의 주기를 겪는다는 명확한 과학적 메시지를 담고 있다. 런던 자연사 박물관에는 린네협회의 회원이자 여가 시간에 곤충을 연구해 나비목의 권위자가 된 알렉산더 맥클레이(Alexander Macleay, 1767~1848)가 구매한 이 책의 사본이 있는데, 맥클레이는 페이지 전반에 걸쳐 무례하고 비하적인 메모를 남겼다. 하지만 메리안은 멀리 떨어진 자연 속 서식지에서 용기 있게 동식물을 찾아다녔으며, 동물상을 광대하게 연결되어 있는 생명의 그물 일부로 여겨야 비로소 진정한 아름다움이 드러난다고 밝혔다.

어쨌든 메리안과 스바메르담이 나방과 나비를 선택해 번

데기 단계의 내부 기관이 성체의 것과 비슷하다는 사실을 밝혀내고 곤충의 변태를 이해하게 된 것은 퍽 다행이다. 만약 스바메르담이 파리의 구더기를 해부하는 것으로 연구를 시작했다면 이야기는 전혀 달라졌을지도 모른다. 물론 여러 해에 걸쳐 초파리속의 구더기를 연구해온 매슈 콥 교수 같은 과학자들은 앞으로도 구더기를 계속 연구해야 한다. 콥은 수많은 주제를 다뤘지만 특히 오늘날 '성충판(imaginal disc)'이라 불리는 구조를 연구했으며, 그 결과 성충의 내부 기관이 생김새가 비슷한 다른 어떤 기관이 아니라 별로 비슷하지 않은 성충판에서 비롯했다는 사실을 알아냈다. 나비의 고치를 열 때와 달리 매우 미성숙한 파리 번데기의 껍질을 열었다면 무언가를 발견하기가 힘들었을 것이다. 무엇을 찾고 있는지 자각하지 못한 상태에서는 나중에 다리나 날개 등으로 변하는 조그만 피부 조각인 이 성충판을 발견하기가 어렵기 때문이다. 스바메르담도 한 차례 시도하기는 했지만 "이 곤충의 변화는 정말로 불가해하다"라며 파리의 변태 과정에 대해 제대로 설명하지 못했다. 오늘날에도 완전히 밝혀지지 않은 만큼 충분히 이해할 만하다.

아직 밝혀져야 할 것들이 많기는 하지만, 완전변태를 하는 곤충들은 생존적인 측면에서 어느 정도 성공을 거뒀다고 말할 수 있다. 먼저 애벌레와 성충은 전혀 다른 생태적 틈새를 차지하는 만큼 어린 곤충과 늙은 곤충 간의 경쟁이 거의 없다. 또한 분산과 같은 특정한 행동을 위해 생애 주기의 일정 부분 이상을 극단적으로 적응시킬 수도 있다. 성충과 애벌레 둘 다 분산할 수 있으며, 피하고 싶은 숙주로 인해 종종 그렇게 한다!

개별 동물들의 생활사를 조사하는 것은 오늘날 전 세계 환경 변화를 추적하는 정밀한 도구로써 새로운 중요성을 지닌다. 영국 리즈대학교의 생물학과 교수인 크리스 하셀(Chris Hassell) 역시 이에 대해 연구하는 여러 생물기후학자(여러 해에 걸쳐 날씨나 기후와 관련해 생물과 관련한 자연 현상이 일어나는 시기를 연구하는 학자) 중 한 사람이다. 하셀은 영국 정부가 봄이 오는 것을 기념하기 위해 사용하는 '봄철 지수'에 부분적으로 주목하고 있다. 이 지수는 산사나무(*Crataegus monogyna* Jacq. (1775))의 첫 개화 시기, 가시칠엽수(*Aesculus hippocastanum* Linnaeus, 1753)의 개화 시기, 유럽갈고리나비(*Anthocharis cardamines* (Linnaeus, 1758))가 처음 날아오른 시기, 제비(*Hirundo rustica* Linnaeus, 1758)가 처음으로 발견된 시기 같은 네 가지 사건을 살펴 측정한다. 하셀은 유럽갈고리나비가 불과 15년 전보다 8일 정도 일찍 나타나고 있다는 사실을 발견했다. 곤충의 개체 수와 종 분포의 변화, 곤충의 크기 변화는 모두 환경이 변화하고 있다는 지표다. 하셀은 온도에 매우 민감한 생활사를 가진 모델 종을 선택하는 것이 기후의 미묘한 변화를 예측하는 생물학적 지표가 될 수 있고 주장한다.

2015년 하셀은 잠자리(잠자리목)를 '거시 생태 지표'로 활용해 기후변화를 이해하는 논문을 발표했다. 이 지표가 날씨 데이터보다 중요한 이유는 자연이 변화하는 기후에 어떻게 반응하고 있는지를 보여주기 때문이다. 하셀은 24개 목에 걸쳐 그동안 기록된 400만 종 이상의 영국 생물 종 데이터를 살폈는데, 특히 곤충이 기록하기가 쉽고 변화에 예민하게 반응하기 때문에 곤충을 집중적으로 연구했다. 그중에서도 하셀이 가장 주목한 곤충은 푸른꼬리실잠자리(*Ischnura elegans* (Vander Linden, 1820))이다. 이 잠자리는 영국 북부에서는 한 세대가 2년인데 지중해 분지의 남쪽 서식지에서는 최대 4년까지 살 수 있다. 하셀은 이 곤충을 "폭탄을 견디는 잠자리"라고 부르며, 서식지와 생활 범위 모두에서 유연하기에(도시에서 살아가는 데도 문제가 없을 것으로 보인다) 기후변화를 이해하는 데 훌륭한 모델이 될 것이라고 생각했다.

곤충을 활용해서 기후변화를 예측하는 과학자는 하셀뿐만이 아니며, 전 세계적으로 사용되는 곤충도 여러 종에 이른다. 그에 따라 인간이 유발하는 기후변화(번식의 시기나 번식 결과물을 바꿀 뿐 아니라 서식 범위나 먹이에도 변화를 가져온다)에 곤충이 어떻게 반응하는지에 대한 증거가 점점 더 쌓여가는 중이다. 게다가 잠자리를 지켜보는 시민 과학자들 덕분에 잠자리 개체군을 모니터링해서 환경이 어떻게 변화하는지에 대한 모

변화하는 생애 주기

변화하는 환경의 생태 지표인 푸른꼬리실잠자리.

델을 수립하는 데에도 도움이 된다.

    곤충의 생활사 연구는 지구 환경을 이해하는 데 도움이 되며, 동시에 많은 사람들이 참여할 수 있다는 점에서 중요하다. 어린 시절부터 곤충 애호가였던 사람들, 결단력 있고 대담한 연구자들, 형태와 기능, 습관을 연구하는 과학자들 덕분에 우리는 환경이 어떻게 변화하고 있는지 이해할 수 있는 단계에 다다랐다. 섬세하고 복잡한 동식물 그림 그리기부터 스마트폰으로 간단하게 사진을 찍는 행위까지, 우리가 얻은 모든 데이터는 소중하지 않은 것이 없다.

죽음을 응시하는 표정. 동물의 부패를 표현한 프랑스 파리 출신의 조각가 시카르 베일리의 작품 〈메멘토 모리〉.

05
범인을 찾는 검정파리

**파리를 한 마리 삼킨 할머니가 있었다네
왜 삼켰는지는 모르겠지만 아마도 곧 죽겠지!
-작자 미상**

파리를 삼킨(그리고 이어 온갖 동물들을 먹어 치운) 할머니에 대한 이 시를 쓴 사람이 누구든, 사람들은 몸속에 곤충이 꿈틀댄다는 불안감을 계속 가지고 있었다. 곤충과 시체의 연관성에 따른 두려움은 오래전부터 존재했다. 바로 이전 장에서 우리는 곤충이 사체에서 자연 발생해서 쏟아져나온다는 관념에 대해 다뤘는데, 이 이론은 오랜 세월에 걸친 과학을 잠재웠다. 또 종교는 특정 곤충이 죄와 관련이 있으며 지옥에 떨어질 운명이라고 가르침으로써 우리가 갖고 있는 곤충에 대한 혐오를 키우는 데 큰 역할을 했다. 예술 또한 수백 년 동안 파리(그리고 덜 사랑받는 생물들)와 인간의 시체를 함께 다루었다.

파리와 시체를 관련지은 가장 초창기의 이야기는 지금으로부터 3,600년 전 메소포타미아의 석판에서 찾을 수 있다. 《길가메시 서사시》 제6판을 보면 고대 메소포타미아의 영웅 길가메시(Gilgamesh)가 '홍수의 영웅'으로 불리는 또 다른 영웅 우트나피쉬팀(Utnapishtim)을 만나러 간 신화가 담겨 있다. 노아의 방주와 비슷한 이 신화에서 우트나피쉬팀은 신들을 달래 홍수를 막기 위해서 여러 동물을 제물로 바친다. 그러자 "신들은 희생양으로 바친 동물들의 달콤한 냄새를 맡고 사체 위에 파리처럼 모였다." 고대 이집트인들은 죽은 동물의 고기를 먹는 종들이 사체의 방부 처리에 문제를 일으킨다는 사실을 《사자의 서》에 수록하기도 했다.

파리와 죽은 자의 관계를 묘사한 예술 작품 가운데 내가 개인적으로 가장 좋아하는 것은 파리 출신의 조각가 시카르 베일리(Chicart Bailly, c.1500~c.1530)가 상아로 제작한 관과 시체 조각품이다. 베일리는 죽음에 대한 사람들의 근심을 언급하면서도 그보다 오래 지속될 개인적인 유산을 만들기 위해 애쓴 르네상스 예술가들처럼 우리에게 중요한 교훈을 남겼다. 바로 우리 모두는 죽으며 그 이후에는 다른 종들이 우리 몸속에 둥지를 틀 것이라는 사실이다. 〈메멘토 모리〉라는 제목의 아름다운 조각품은 부패가 진행 중인 한 시신이 파리에게 먹히는 모습을 잘 보여준다.

범인을 찾는 검정파리

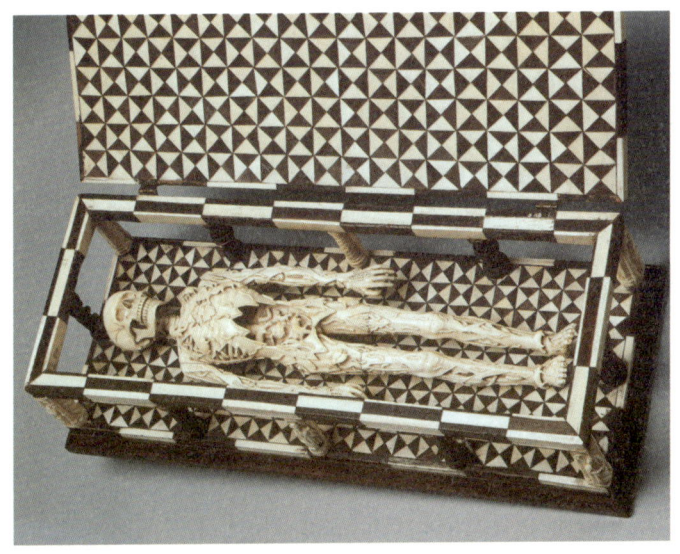

시카르 베일리의 조각품 〈메멘토 모리〉.
파리들이 한 구의 사체를 먹고 있다.

훌륭한 곤충학자라면 응당 그래야 하듯이 나는 구더기, 즉 파리의 애벌레가 담긴 항아리를 내 책상 위에 올려두었다. 그 안에는 다양한 종류의 구더기가 있고, 검정파리과의 애벌레도 있다. 이들의 식습관 때문에라도 파리를 좋아하는 사람은 거의 없을 것이다. 썩어가는 사체의 잔해에 누구보다 먼저 달려들어 그것을 먹이로 삼는 곤충이 파리류이기 때문이다. 검정파리의 영어 이름인 'blowfly' 역시 '파리가 알을 낳은 고기'를

의미하는 오래된 영어식 표현인 'flyblown'에서 유래했다. 심지어 셰익스피어도 희극《사랑의 헛수고》에서 이 파리들에 대해 "여름철 파리들 때문에 득시글거리는 구더기와 마주하고 놀랐다"고 묘사했다.

검정파리과는 1,900여 종으로 이루어져 있다. 모든 파리류가 그렇듯이 검정파리과 역시 완전변태를 하며, 우리 주변에 서식하는 동물상 가운데 가장 반짝거리고 털이 많은 곤충이다. 다른 종도 그렇지만 검정파리 암컷이 새끼를 낳고 어미가 되기 위해서는 엄청난 양의 단백질이 필요하다. 파리목에 해당하는 여러 종은 소위 '흡혈성 곤충'이라고 불리며, 성체가 되어 알을 부화할 때 영양 비축량이 부족한 상태에서 바로 알을 생산하기 시작한다. 그래서 전부는 아니지만 상당수의 모기 종은 알을 낳아 가족을 꾸리기 전에 동물의 피를 빨아야 한다.

2002년 영국 브리스틀대학교의 리처드 월(Richard Wall) 교수가 동료들과 함께 발표한 한 논문은 구리금파리(*Lucilia sericata* (Meigen, 1826)) 암컷 성체의 식이를 가변형 피펫(적은 양의 액체를 정확하게 옮기는 데 사용하는 실험 도구―옮긴이)을 이용해 제한하는 실험을 다루고 있다. 피펫마다 각기 다른 크기의 구멍을 내기 위해 끝을 잘라냈는데 그렇게 하면 파리가 머리를 내밀고 정해진 양만큼만 돼지 간을 먹을 수 있기 때문이다. 일정 기간이 지난 후 난자의 발생 상태를 살피기 위해 파리의 난소가 연구되었다. 이때 섭식 양이 가장 많은 집단(10~20마이크로리터의 두 끼 식사)만이 "성체의 50퍼센트 이상에서 난황이 축적되기 시작했고, 알이 성숙하려면 최소 27.5마이크로리터의 두 끼 식사가 필요하다"는 사실을 확인했다. 이 식사량은 0.027밀리리터에 해당하기 때문에 우리가 보기에는 많지 않지만 이 파리들에게는 다음 세대가 만들어지는 데 꼭 필요한 양에 해당한다. 이들에게 먹이가 이렇게나 중요한 만큼, 이 파리는 지금 있는 장소에서 몇 미터 떨어진 곳이나 '먹이를 숨긴 비밀의 장소'라 할 만한 곳을 찾는 데까지 진화했다. 한편 검정파리과처럼 애벌레의 서식지가 일시적이거나 예측하기 힘든 종들은 성체 파리가 되면 먹이를 찾는 기술을 갈고닦는다.

　검정파리과 종들은 블러드하운드 같은 개들을 능가할 만큼 후각이 예리해 가장 불안정한 환경에서도 신선한 혈액과 새로 부패하기 시작하는 음식물을 찾아낼 수 있다. 검정파리 성충이 사건이 벌어진 지 얼마 되지 않은 현장에서 솜씨를 발휘하는 탐정이 될 수 있는 것도 뛰어난 후각 덕분이다. 검정파리과 종들은 부패하는 사체 안팎에서 서식하고 번식하는 경우가 많아 범죄 현장과 사체에서 회수된 곤충을 조사하는, 이른바 법곤충학(forensic entomology)이라는 매우 전문적인 분야에서 크게 활약한다. 그런데 파리가 시신을 빠르고 정확하게 찾아내는 건 알겠지만 그걸 법의학적으로 어떻게 활용할 수 있을까?

작은 정복자들

검정파리과의 성체와 알.

현재 거의 은퇴한 마틴 홀(Martin Hall) 박사는(하지만 곤충학자들에게 완전한 은퇴란 없다) 1989년부터 런던 자연사 박물관의 파리목 섹션에서 법의학과 수의곤충학(veterinary entomology)을 연구 중이다. 마틴 박사는 일하는 동안(그리고 공식 은퇴 후에도) 여러 경찰서나 법원의 자문으로 활동했으며 200건 넘는 사건을 처리했다. 사건에 투입될 때마다 그가 거의 매번 가장 먼저 듣는 질문은 다음과 같다.

"이 사람이 죽은 지 얼마나 지났죠?"

마틴 홀은 다른 법곤충학자들이 그렇듯 아주 정확하지는 않아도 파리가 시신을 언제 처음 발견했는지는 알 수 있다

범인을 찾는 검정파리

고 했다. 이 시점이 왜 중요할까? 병리학자들은 고인이 사망한 후 대략 3일이 지나면(주변 온도에 따라 다르지만) 시신이 얼마나 오래되었는지 추정하는 데 어려움을 겪는다. 사후경직이나 피가 고이는 혈액 저류 현상을 통해 어느 정도 짐작할 수는 있지만, 이것도 사망 후 3일이 지나면 이러한 단서는 크게 도움이 되지 않는다. 바로 이 시점에서 파리가 도움을 준다. 검정파리는 보통 사망 후 빠르면 몇 분, 길어도 몇 시간 안에 시신을 발견하고 알을 낳기 때문이다. 그렇기에 이런 초기 개척자와 1세대 자손은 사망 후 시간이 얼마나 흘렀는지를 측정하는 생물학적 시계라 할 수 있다. 과학자들은 이 시계를 읽는 법을 여러 해에 걸쳐 다듬고 연구했다. 이 시계는 며칠, 몇 주, 몇 달에 걸쳐 계속 똑딱거리는데, 얼마나 오래 똑딱거렸는지를 알아내는 것이 마틴이 하는 일이다.

곤충을 단서로 범죄 사건을 해결하는 경우는 과거에도 있었다. 이런 사례는 수백 년 전 중국에서 처음 기록되었다. 1247년 중국의 관료인 송자(宋慈)가 '억울한 사건을 씻는다'는 뜻을 지닌 《세원집록》을 펴내면서부터다. 이로써 송자는 전 세계 최초로 책을 출간한 법곤충학자가 되었다. 송나라의 사법 관료였던 송자는 재임 기간 동안 범죄 현장을 직접 참관하곤 했다. 이렇게 조사한 사례와 시신들을 자세하게 풀어 쓴 것이 《세원집록》이다.

仰面致命共八處 分左右則有十處

腦後骨
秉枕骨左右 婦人無左右
兩耳根骨左右
項頸骨第一節
脊背骨第一節
脊脊骨第一節 卽卽命門骨
腰門骨第一節 名腰門骨
方骨

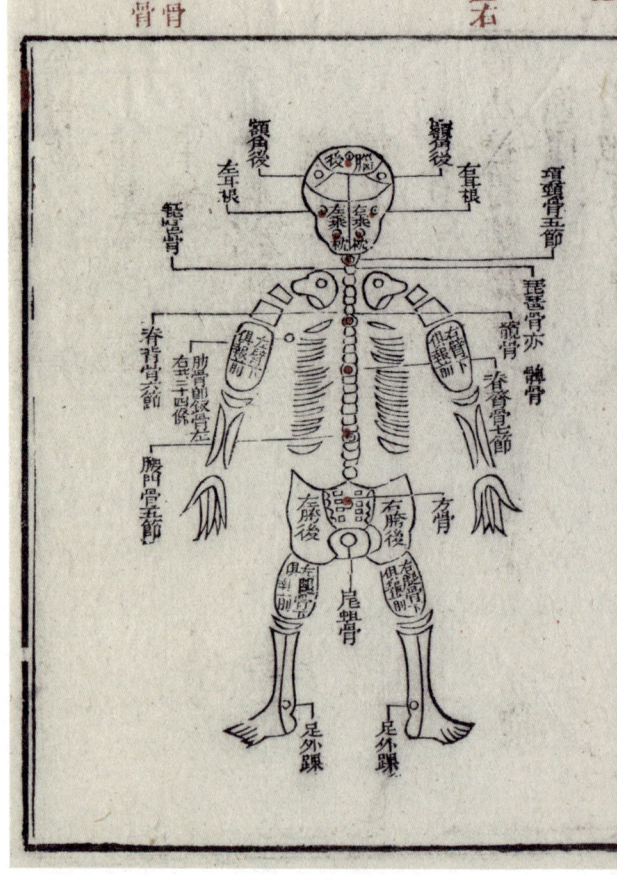

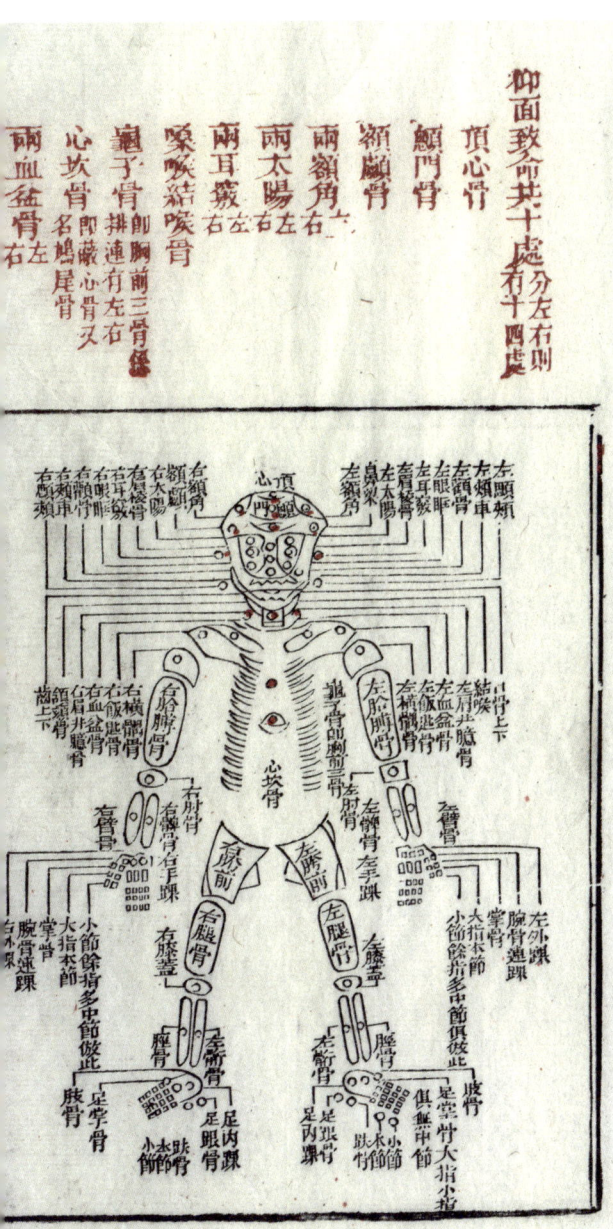

송자의 책 《세원집록》에 실린 뼈 이름이 표기된 범죄 현장 속 시신.

한 사례에서 송자는 1235년에 쌀을 재배하는 논 근처에서 일어난 살인 사건을 다룬다. 피해자는 쌀 수확에 흔히 사용되는 낫으로 몸이 베였을 가능성이 높다. 문제는 이 지역에 낫을 들고 다니는 농사꾼들이 많은데 그중 누가 살인범이냐는 것이다. 송자의 책을 영어로 번역한 브라이언 나이트(Brian Knight)는 이렇게 말한다. "당시 이 지역의 판관은 용의자가 될 가능성이 있는 농민들을 전부 마을 광장으로 불러 조사했다. 사람들은 각자 낫을 들고 광장으로 갔다. 판관은 10여 명의 용의자를 불러 모은 후 낫을 앞에 놓고 몇 미터 뒤로 물러나라고 명령했다."

송자의 회상에 따르면 그날은 날씨가 따뜻했는데 얼마 지나지 않자 금속 같은 밝은 초록색을 띤 파리들이 여러 자루의 낫 가운데 하나에만 몰려들기 시작했다고 한다. "그러자 낫의 주인은 매우 긴장했고 마을 사람들 모두 살인범이 누구인지 알게 되었다. 살인범은 수치심에 머리를 떨구고 자비를 구했지만 판관은 그를 끌고 가라고 명했다. 검정파리들은 낫에 묻은 피와 연한 피부 조직에 끌렸고 죄인을 찾아냈다. 죽은 사체 조직에 끌려드는 특정 곤충의 행동 패턴을 알고 있는 판관의 지식이 이 살인 사건을 해결하는 열쇠가 되었고, 이렇게 중세 중국에서는 정의가 실현되었다."

정말 놀라운 이야기다. 실제로 《세원집록》은 범죄학자 지망생들에게 수사 방식을 알려주는 귀중한 지침서다. 마틴 홀은

범인을 찾는 검정파리

수습 수사관으로 일할 당시 이 책에서 읽은 "멀리서 시체 냄새에 겁먹지 말고 직접 뛰어들라"라는 구절이 인상 깊었다고 한다. 나는 "커튼 뒤에 숨지 말라(가만히 앉아 있지 말라)"라는 조언이 마음에 들었다. 이 책에는 파리를 통해 해결한 다른 사건들도 뒤이어 실렸다. "한 상인이 살해당하고 노상에서 비단을 강도 맞았다. 은퇴한 수사관이 사건에 투입되었고 이틀 뒤 그는 어떤 배에 세탁한 비단이 쌓여 있고 그 위에 파리가 많이 모여 있는 것을 발견했다. 수사관은 배에 탄 사람들을 체포했다. 비단에 핏자국이 남아 있었기에 이들은 자수할 수밖에 없었다."

인류가 일찌감치 파리와 관계 맺은 역사를 생각하면, 유럽이 19세기가 되어서야 범죄 현장에서 파리를 활용했다는 사실은 조금 의외다. 유럽의 화가와 조각가들이 이미 구더기가 사체를 분해하는 묘사를 통해 인체와 곤충의 친밀하고 다소 유쾌하지 못한 관계를 인지했다는 점을 생각하면 더욱더 그렇다. 예컨대 중세의 한 문서에는 '죽은 자들의 춤'을 주제로 한 목판화에 사체와 구더기를 함께 묘사했으며, 15세기의 한 유화는 구더기가 사체 내부에서 끊임없이 일한 결과 머리는 뼈만 남고 내부 장기가 쭈그러든 모습을 정확하게 표현해냈다.

1758년, 칼 린네는 생물 다양성에 대해 꾸준하게 연구한 저서인 《자연의 체계》 10판에서 법의학적으로 중요한 검정파리과의 한 종에 대해 처음으로 기술했다. 당시 *Musca vomitoria*

작은 정복자들

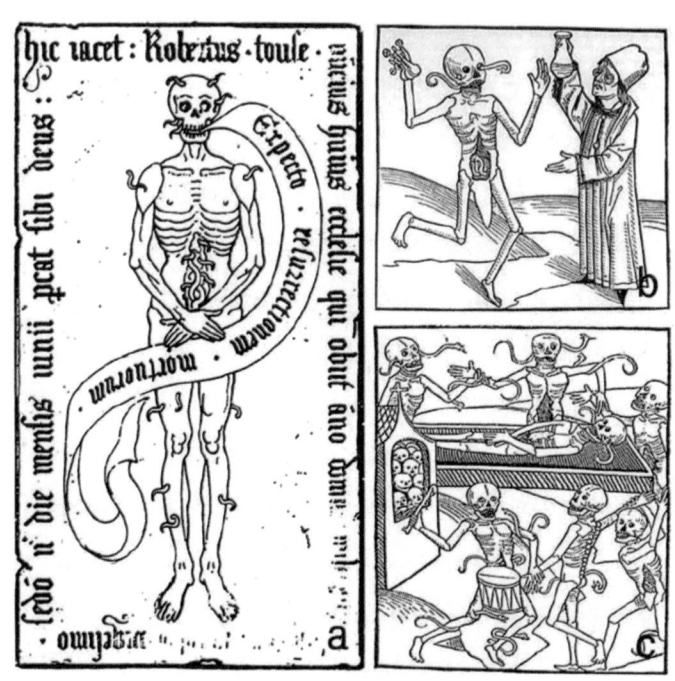

사체를 먹는 파리 구더기를 그린 삽화들.
특히 파리가 알을 낳는 눈과 코, 귀, 입에 구더기가 많이 보인다.

라는 학명이 붙은 이 파리는 검정파리(*Calliphora vomitoria*)였으며, 린네는 《자연의 체계》 12판에서 이 종의 먹이 먹는 습관에 대해 이렇게 주석을 달았다. "파리 세 마리가 사자처럼 빠르게 말의 사체를 먹어 치운다."

프랑스와 독일에서는 도시계획의 새로운 흐름에 따른 공

《자연의 체계》에서 검정파리의 엄청난 먹성에 대해 칼 린네가 단 주석.

중위생의 우려 속에서 대량의 무덤을 체계적으로 파냈는데, 이 때 의사들이 직접 여러 시신을 조사하다가 그 위에 있는 곤충에 주목하기 시작했다. 1800년대 초에 과학자들은 이미 특정 곤충이 부패한 시신에 서식한다는 사실을 알고 있었다. 그러자 과학자들의 관심은 곤충이 사체를 방문하는 순서를 예측하는 문제로 옮겨졌다. 의사와 법률 조사관들은 시신을 가장 먼저 방문하는 곤충이 어떤 종일지, 그리고 곤충의 여러 생활사 가운데 무엇이 사후에 경과한 시간을 밝혀낼지 연구하기 시작했다. 1855년 프랑스의 병원에 근무하던 의사 루이 프랑수아 에티엔 베르제레(Louis François Étienne Bergeret, 1814~1893, '베르제레 다르부아'라고도 알려졌다)는 파리와 사체에 대한 새로운 지식을 한 아기가 사망한 비극적인 사건에 적용했다. 새로 이사할 집을 고치던 프랑스인 부부가 아기의 오래된 사체를 굴뚝에서 발견한 것이었다. 하지만 이 집을 구입한 것이 최근이었음에도 부부는 즉각적으로 사람들의 의심을 샀다.

베르제레는 곤충의 생활사는 물론이고 곤충이 사체에 군락을 이루는 과정에 대해서도 잘 알고 있었다. 이 지식을 바탕으로 그는 곤충이 사체를 발견한 시점과 부부가 시신을 발견한 시점 사이의 간격, 즉 '사후 경과 시간(PMI)'을 추정할 수 있었다. 그에 따라 1855년 베르제레는 이 주제에 대한 연구의 분수령이 될 보고서를 출간했다. 제목은 다음과 같다. 〈영아 살해와 사체의 자연적인 미라화. 굴뚝에서 저절로 미라화가 된 신생아의 시신을 발견한 사건. 사체 속 곤충의 약충과 유충의 존재와 그들의 변태를 통해 부화한 시기 결정하기〉. 이 보고서에 PMI가 포함된 것은 현대 법곤충학에서 처음이었다. 주변 기온과 같은 다양한 요인에 따라 PMI는 그대로 실제 사망 시점으로 이어질 수도 있다. 베르제레는 곤충학자가 아니어서 관련 문헌을 읽은 지 얼마 되지 않았기 때문에 모든 것을 정확하게 이해하지는 못했다. 그래서 그는 암컷이 여름에 알을 낳고 그 알이 이듬해 봄에 번데기로 변태한 다음 여름에 성체가 나오기까지 1년이 걸린다고 가정했다. 베르제레가 시신의 미라화에 초점을 맞춘 만큼, 곤충학은 이 사건에서 그렇게 큰 역할을 하지 않았을지도 모른다. 그렇지만 곤충학은 유용한 계산 도구였고 실제로 살인범을 유죄 판결하는 데 도움이 되었다. 살인범은 이전에 세 들어 살던 사람들로, 이들은 문제없이 기소되었다.

베르제레는 흥미로운 인물이었다. 예컨대 이 사건에 이어 그는 《예방을 위한 장애물》을 출간해 생식 이외의 다른 이유로 성관계를 갖는 것이 도덕적·신체적으로 문제를 일으킨다고 역설했다. 베르제레는 의사로 일하면서 접했던 질병과 '기능 장애'의 여러 사례들을 이러한 '퇴행적' 행동과 연관 지었다. 하지만 적어도 법의학에서 곤충학이 중요하다는 베르제레의 믿음은 유효했다. 그가 마지막으로 남긴 말은 "법의학에 대해 더 알아보고 싶다"였다.

법곤충학에 애정을 품은 사람은 베르제레만이 아니었다. 프랑스 육군에서 수의사로 일한 장 피에르 메냉(Jean Pierre Mégnin)은 파리의 영안실에서 15년에 걸쳐 사체에 나타나는 곤충의 순서를 조사하는 혁신적인 작업을 통해 《사체의 동물상》을 출간했다. 메냉은 15일마다 살아 있는 파리와 죽은 파리의 수를 세고, 맨 처음 사체에서 셌던 숫자와 비교해서 망자가 사망한 지 얼마나 흘렀는지를 추정해냈다. 이를 바탕으로 메냉은 "외부에 노출된 사체는 곤충이 방문하는 순서가 모두 여덟 차례를 거치는 데 반해, 땅에 묻힌 사체는 단 두 차례만 거친다"

는 결론을 내렸다.《사체의 동물상》이 출판되면서 현대 법곤충학은 단단히 뿌리내리는 계기가 되었다.

오늘날 법곤충학은 특히 지난 세기 동안 곤충학을 활용해 범죄 해결을 돕고자 하는 시도를 정당화하려 애쓴 수많은 선구적인 연구자, 법 집행자, 법률 대리인의 연구를 바탕으로 발전했다. 이 분야는 점점 진화하면서 우연히 발생한 사망, 살인, 자살뿐만 아니라 고고학과 고생물학에도 적용되고 있다.

지금도 연구가 나날이 발전하는 가운데 게일 앤더슨(Gail Anderson) 박사는 1990년대에 캐나다 최초로 법곤충학 분야에서 전임 교수가 되었다. 앤더슨은 현재 브리티시컬럼비아주 사이먼프레이저대학교의 범죄학과 학과장으로 재직 중이다. 그는 학생, 동료들과 함께 연구에 활발히 참여하면서 여러 범죄 수사에도 도움을 주고 있다. 앤더슨이 관여한 한 충격적인 사건은, 법의학 증거가 존재해서가 아니라 아예 존재하지 않아서 결론을 낼 수 있었다. 피고인 커스틴 로바토(Kirstin Lobato)는 2001년 피해자의 생식기를 절단한 행위와 관련해 잔인한 살인 혐의로 유죄 판결을 받아 1급 살인으로 40년에서 100년 사이의 징역형을 받았다. 이 사건은 수많은 사법적 오류로 뒤범벅되어 복잡했는데, 앤더슨이 재심 때 관찰한 핵심적인 내용은 피해자의 시신에서 구더기가 전혀 발견되지 않았다는 점이었다. 우리가 아는 파리의 구더기는 외부에 노출된 시신에 꽤 빠

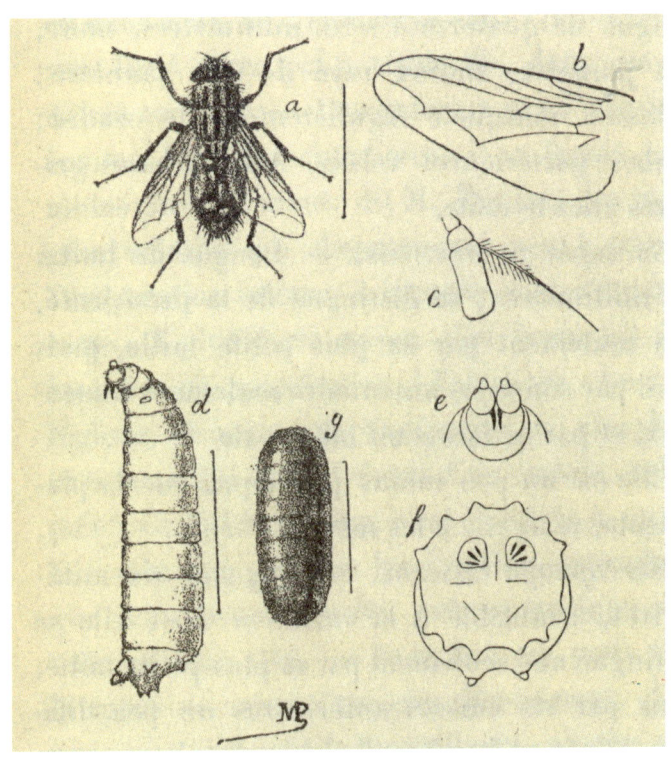

현대 법곤충학의 기초가 된 메냉의 《사체의 동물상》에 실린 삽화들. 쉬파리속의 한 종인 *Sarcophaga carnaria* (Linnaeus, 1758)의 성체(a), 애벌레(d), 번데기(g), 유충의 입(e), 항문 쪽 기공(f), 성체의 더듬이(c), 날개(b)의 해부학적 구조.

르게 파고든다. 성인 여성의 시신이라면 조건이 적당할 때 몇 분, 때로는 몇 초도 되지 않아 구더기가 대량으로 서식하게 된

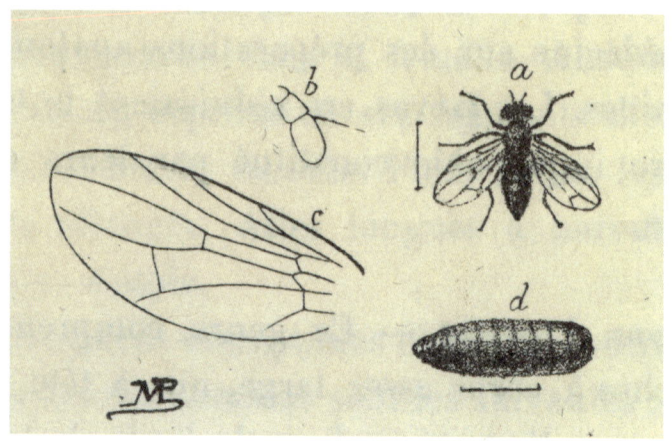

메냉의 《사체의 동물상》에 실린 *Ophyra cadaverina* (Curtis, 1837)의
성체(a), 더듬이(b), 날개(c), 번데기(d). 이 종은 오늘날 *Hydrotaea capensis*
(Wiedemann, 1818)의 이명(異名, 등록 기준을 충족했지만
정식 이름이 아닌 이름 — 옮긴이)이다.

다. 이 정확한 시간은 기온이나 계절, 옷의 두께, 시신이 노출된 정도, 그리고 하루 중 시간대가 언제였는지에 따라 달라진다. 검정파리들은 우리와 비슷하게 낮에 활동하며 밤에는 활동을 중단한다(아, 우리와 비슷하다는 건 취소다!). 시신이 구더기가 없는 상태에서 오후 10시에 발견되었기 때문에 파리도 없었고, 이것은 로바토가 확실한 알리바이를 가지고 있는 밤에 살인이 발생했다는 뜻이기도 했다. 이런 법의학적인 증거 덕분에 로바토는 16년간의 수감 생활 끝에 석방되었다.

범인을 찾는 검정파리

앤더슨은 또한 시신의 위치에 따라 파리가 존재할 가능성이 희박한 장소가 있기 때문에 법곤충학을 통해 시신이 원래 위치에서 이동했는지의 여부도 알아낼 수 있다고 강조한다. 상처를 입은 부위가 보이지 않는 경우에도 곤충을 활용해 상처의 위치를 파악할 수 있다. 오늘날에는 DNA 추출 절차를 사용해 구더기가 먹어 치운 사람의 정체를 정확하게 파악할 수도 있다. 실제로 곤충학적인 데이터를 처리하는 방식은 매우 복잡하며, 많은 사람들이 추측하듯이 현장에 도착해 곤충을 직접 찾아 연구하는 것은 아니다.

사망한 시점과 시신을 발견한 시점 사이의 시간을 정확하게 추정하려면 주변의 온도, 옷의 두께, 부상 정도를 비롯해 파리의 생활사와 생물학적인 시간에 영향을 미치는 수많은 요인을 하나하나 따져야 한다. 시신이 땅에 묻히면 파리가 접근하기 어렵기 때문에 곤충이 대량으로 서식하기까지 오래 걸린다. 1935년 영국의 법곤충학을 처음으로 시험대에 올린 것은 잔혹한 외과의사로 알려진 벅 럭스턴(Buck Ruxton)이 등장한 역사적인 사건이다. 럭스턴은 소위 '실톱 살인'이라고 알려진 잔인한 사건으로 두 명을 살해하고도 거의 문제없이 빠져나갈 뻔했지만 파리 덕분에 저지당했다.

아내와 아내의 하녀를 죽인 럭스턴은 자신이 의학 지식을 모두 갖췄다고 생각하고 법의학적 증거를 하나하나 제거하기 시작했다. 살해 후 시신을 실톱으로 토막 낸 다음(그래서 '실톱 살인'이라 불린다) 하녀의 다리에 있는 문신을 포함해 신원을 확인할 만한 단서를 모두 없앤 것이다. 그다음 그는 스코틀랜드 모팻으로 차를 몰고 가서 시신 일부를 다리 밑 계곡으로 떨어뜨렸다. 모팻 지역을 홍보하는 웹사이트에는 'A74(M) 도로에서 1마일도 채 떨어지지 않은 곳에 자리하고 있어서 잠깐 정차하기에 이상적인 곳'이라고 적혀 있는데, 이 말이 과연 사람들이 멈추고 시체를 처리하라는 뜻인지는 모르겠다. 럭스턴이 떠나고 얼마 지나지 않아 마을을 지나가던 두 여성이 가든홀름린 다리 아래를 내려다보던 중 포장된 꾸러미에서 약간 부패한 팔처럼 보이는 것을 발견했다. 곧 경찰이 출동했고 부패한 사체의 여러 부위를 찾아냈다.

    모팻에서 발견된 사체에서 나온 구더기는 현재 보존된 동물 표본이 담긴 수많은 유리병과 함께 런던 자연사 박물관에 보관되어 있다. 이 구더기는 '곤충 고치' 섹션에 있으며, 층을 계속 올라가 점점 작은 표본을 지나친 다음 곤충 컬렉션의 꼭대기에 도달해야 만날 수 있다. 그 안에는 특별한 유리병이 하나 있는데, 역사적인 중요도 측면에서 보자면 아마 가장 중요한 병으로 꼽을 수 있지 않을까 싶다. 여기에는 매우 특별한 구더기들, 럭스턴이 살해한 희생자의 시신에서 채집한 구더기가 있다.

1935년 럭스턴의 희생자 시신에서 나온 구더기들.
런던 자연사 박물관의 곤충 컬렉션에 보관되어 있다.

시신에 구더기가 충분했기 때문에 이 구더기는 스코틀랜드의 의사이자 공중보건 전문가, 법곤충학자인 알렉산더 고우 미언스(Alexander Gow Mearns, 1903~1968)에게도 보내졌다. 글래스고대학교에서 일하던 미언스는 파리 유충의 길이에 근거해서 파리의 나이를 알아내는 방법을 연구하고 있었다. 그리고 이 지식을 통해 시신이 언제 버려졌는지 추정할 수 있었다. 바로 럭스턴이 그 지역에 있던 시기와 일치했다(아들과 함께 차를 타고 돌아다니는 중이었다). 비록 구더기는 법정에서 활용되지 않았지만 사건의 타임라인을 정하는 데 도움이 되는 예비 증거로 제공됐다. 증거를 포괄적으로 볼 때 럭스턴이 살인을 저질렀다고 충분히 인정되었으며, 유죄 판결을 받은 럭스턴은 그가 저지른 범죄 행위로 교수형에 처해졌다.

    이후로 곤충이 시신의 부패 과정을 비롯해 가장 기이한 범죄 현장에서 어떤 역할을 할 수 있는지 더 알아보고자 전 세계 연구실과 현장에서 다양한 실험이 진행되었다. 캐나다의 앤더슨을 비롯해 곤충학자들은 시신이 야외에 있든 자동차 트렁크에 숨겨져 있든 장소와 상관없이, 파리가 최초로 시신에 접촉한 뒤 시신이 발견되기까지의 시간에 해당하는 PMI를 보다 정확하게 알아내기 위해 연구하고 있다. 특히 앤더슨은 자동차 트렁크에 숨긴 시신에 대해 연구하기 위해 밴쿠버에 그가 '연구의 숲'이라 부르는 장소를 마련했다. 이 숲 깊숙한 곳의 차량에는 사체가 보관되어 있다. 그리고 당연히 이 사체는 사람의 시신이 아니라 돼지의 사체다. 돼지는 인간과 몸집과 생김새가 비슷한 데다 비슷한 방식으로 부패하기 때문에 한동안 법의학 연구에 많이 사용되었다. 한편, 인간과 여러 동물의 사체가 부패하는 과정을 연구하는, 소위 '사체 농장(body farm)'이라고 불리는 귀중한 연구 시설도 있다. 1980년대 후반 미국 테네시주에 설립된 이 시설은 미국 전역과 캐나다, 호주에도 잇따라 세워졌는데, 영국에는 아직 이런 시설이 마련되어 있지 않다.

범인을 찾는 검정파리

다시 돼지 이야기로 돌아가보자. 캐나다에서 시신을 유기하는 범죄의 통상적인 방식대로 돼지 사체는 차량의 트렁크에 방치되며, 며칠이 지나면 앤더슨이 사체에 생긴 구더기를 살핀다. 구더기의 발생을 이해하려면 다양한 주변 요인을 기록해야 한다. 이 트렁크는 구더기에게 따뜻하고 아늑한 식품 저장고와 같다. 구더기가 트렁크 안에 숨겨진 사체에 들어가면 트렁크 밖의 사체에서보다 훨씬 더 빠르게 자란다. 앤더슨의 실험에서는 한 대를 제외한 모든 차량이 그랬다. 이 한 대의 예외 사례에서는 사체의 분해 속도가 매우 느렸는데, 연구자들은 그 이유를 알지 못하다가 나중에야 자동차의 본체와 트렁크를 분리하는 보호 방화벽이 있다는 사실을 발견했다. 그러니 다시 말하지만, 구더기의 생활사에 영향을 미칠 수 있는 모든 요인에 주의를 기울여야 한다. 게다가 시신이 자동차 트렁크에서만 발견되는 건 아니다. 식기세척기에서도 발견된 적이 있다.

아무리 안전하게 보호되는 공간이라도 검정파리는 뚫고 들어갈 수 있다. 런던 자연사 박물관의 홀 박사와 그의 제자 폴로미 바드라(Poulomi Bhadra)는 법의학연구소(FSS) 동료들과 함께 시신이 여행 가방 안에서 발견된 몇 가지 사례를 연구했다. 야외에 있는 시신이라면 몇 분 안에 파리가 꾫겠지만 과연 여행 가방 안에도 파리가 꼬일까? 변인을 통제한 실험을 수행한 결과, 파리 암컷은 여행 가방 주변에 알을 낳고 나서 산란관

(곤충의 몸통 끄트머리에서 밖으로 나왔다 들어갔다 하는 관으로, 암컷이 이곳을 통해 알을 낳는다)을 가방의 지퍼 틈새로 집어넣어 알을 낳기도 했다. 사람이 죽고 파리가 알을 낳기까지 다소 시간은 걸릴 수 있지만, 이처럼 파리는 언뜻 보기에는 단단히 봉인된 것처럼 보이는 장소에도 알을 낳아 번식할 수 있다.

이러한 조사의 대부분은 파리의 생활사에서 유충을 찾는 데 초점을 맞춘다. 하지만 유충 단계를 지나 새로운 자손 세대의 성충이 나타나기 전에 거치는 번데기 단계는 어떨까? 최근까지만 해도 법의학적 조사에서는 이 단계에서 무슨 일이 일어나는지 알 수 없다는 점이 큰 걸림돌이었다. 이전에는 알에서 꿈틀대는 유충이 되기까지 시간이 얼마나 걸리는지만 알려져 있었다. 하지만 지금은 번데기 기간이 얼마나 걸리는지도 밝혀냈다. 이 기간은 파리 생활사의 절반 이상을 차지할 수도 있기 때문에 연구의 중요한 돌파구가 되었다. 이 시기에 불투명한 통 모양의 번데기에서는 거의 완전한 몸의 변화가 일어난다. 우리 눈에는 성충이 나타날 때까지 아무런 변화가 없는 것처럼 보이는 그저 갈색 번데기일 뿐이지만, 조직의 재편성이라는 측면에서 보면 사실 엄청나게 많은 일이 벌어지고 있는 것이다.

과학자들은 컴퓨터단층촬영(CT)을 통해 살아 있는 유기체의 상세한 이미지를 얻는 데 성공했다. 물론 죽은 유기체의 이미지를 찍는 것도 가능하지만 우리에게는 살아 있는 유기체가 좀 더 중요하다. 과학자들은 인체를 스캔하는 것과 거의 같은 방식으로, 마이크로 CT 스캐너라는 보다 작은 기기를 사용해서 파리 번데기에서 성체의 일부가 나타나기 시작하는 3차원 이미지를 얻을 수 있었다.

대니얼 마틴 베가(Daniel Martin Vega) 박사는 이 혁신적인 기술을 개척한 연구자 중 한 명이다. 2017년 런던 자연사 박물관의 연구원이자 홀의 동료인 베가는 그가 '생명의 춤'이라 부르던 현상을 시각화하는 논문을 발표했다. 검정파리과 중에서도 번데기 기간이 비교적 긴 붉은뺨검정파리(*Calliphora vicina* Robineau-Desvoidy, 1830)에서 번데기 시기에 무슨 일이 일어나는지 밝힌 논문이었다. 연구자들은 다양한 시점에서 엑스선 사진을 촬영한 다음 이것을 재구성해서 모든 각도에서 가상으로 해부할 수 있는 시각적 표본을 얻었다. 중요한 것은 이 스캔 방식이 번데기의 나이를 보다 정확히 알아내 곤충이 시신에 도달하는 법의학적 타이밍을 정밀하게 찾는 데 도움이 된다는 사실이다. 예컨대 번데기 단계에서는 유충의 소화관이 닫힌 채 팽창하는 주머니에서 길고 복잡한 관으로 변화하는 패턴이 보이는데, 이러한 형태학적인 차이는 발생 시기에 따라 달라지기에 그에 따라 번데기의 나이를 정확하게 측정할 수가 있다. 즉 범죄 사건에서 검정파리를 활용하는 것이 시신의 사망 시점을 정확하고 신뢰할 수 있을 만한 유망한 방법이라는 사실이 드러난

작은 정복자들

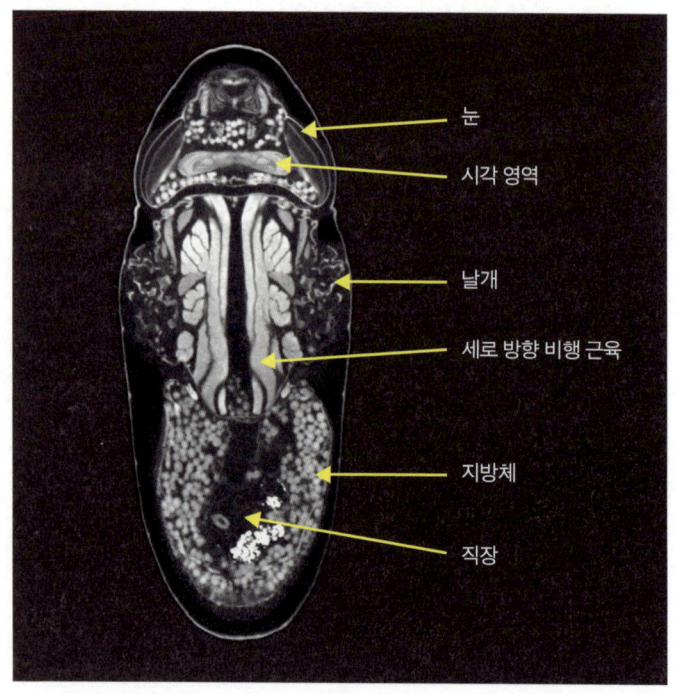

검정파리 번데기의 등 쪽을 마이크로 CT 스캐너로 찍은 이미지.

것이다.

    이와 같은 새로운 기술은 법의학에서 곤충학을 보다 활발하게 적용하는 데 도움이 된다. 법곤충학에 대한 지식은 끊이지 않고 점진적으로 발전했다기보다는 멈췄다가도 다시 시작해서 나아갔다. 사실 곤충학의 다른 분야도 마찬가지다. 우리가 모르는 것은 여전히 아주 많다.

앤더슨은 법의학 분야에서 경력을 쌓기 시작할 무렵, 경찰이 대뜸 전화를 걸어 '당신이 수집한 곤충 증거'로 무얼 할 수 있는지 캐물었던 일을 기억한다. 경찰은 곤충에 대한 지식을 과학이라 여기지 않았다. 대중매체 덕분에 곤충이 '조그만 탐정' 노릇을 한다는 사실을 모두가 상식처럼 알고 있는 지금과는 많이 다르다. 이제는 형사와 민사사건의 조사 단계에서 곤충학자들의 분석과 의견을 흔하게 요청한다. 여전히 더 연구해야 할 게 많지만 이 분야는 법의학에서 점점 더 중요한 도구가 되고 있으며, '사망 이후 걸린 시간'을 알려주는 역할을 뛰어넘는 잠재력을 지니고 있다.

여러분도 기회가 되면 공원에 앉아 곤충이 번데기에서 깨어 나오는 모습을 가만히 바라보며 곰곰이 생각에 잠겨보라. 이 놀라운 곤충들을 통해 새로운 발전을 가져올 그다음 주인공이 여러분이 될지 누가 알겠는가.

런던 자연사 박물관의 소장품인 모르포나비 표본 중 하나.
채집된 지 거의 100년이 지났지만 여전히 상태가 좋다.

06
나비의 눈부신 날개

**멋진 나비 한 마리가 어둠 속에서 뛰쳐나와
그늘로 들어가는 순간은 그림으로 그린 것처럼 진기한 광경이다.
추적해서 그 모습을 지켜보면 흥분이 뒤따른다.
덤불 위에서 신호 불빛 같은 춤이 점차 눈에서 멀어지면
실망감이 깃든다. 하지만 다시 나타날 것이라는 기대가 있다.
-마거릿 파운틴(1893)**

나비의 날개처럼 곤충의 몸에서 나타나는 찬란한 무지갯빛은 우리가 살면서 마주하는 기쁨 중 하나다. 심지어 곤충이 죽고 한참 지나도 그 기쁨은 계속된다. 런던 자연사 박물관의 소장품 서랍장 안에는 마치 어제 채집한 것처럼 생동감 넘치는 날개를 지닌 나비 표본이 있다. 이 중 상당수는 수십 년 된 것으로, 날개의 광채가 부자연스러울 만큼 선명하고 내구성이 뛰어나서 어떻게 예전 그대로의 모습을 유지할 수 있는지 궁금할 정도다.

오랫동안 생물학자들은 이러한 곤충들이 매혹적인 색을 띠는 정확한 목적이 무엇인지, 이런 현상이 어째서 자연에 이

토록 널리 퍼졌는지를 토론했다. 위장 전술일까, 아니면 눈에 띄는 경고일까? 혹시 오늘날 기술로 이러한 생생한 색상을 재현해 환경친화적이면서도 오래가는 뛰어난 인공 색소를 생산할 수 있지는 않을까?

밝은색 나비 여러 마리가 울타리와 화단을 날아다니며 꿀을 빨거나 짝을 끌어들이며 욕구를 충족하는 매혹적인 모습을 거부할 사람은 별로 없을 것이다. 많은 사람이 나비를 사랑한다. 모든 곤충을 통틀어 가장 많이 채집된 종도 바로 나비다. 나는 '나비'라는 용어에 인용부호를 붙이곤 하는데, 곤충학자가 아닌 일반인들은 다른 여러 곤충과 마찬가지로 나비가 정확히 무엇인지 혼란스러워하기 때문이다. 나비목(Lepidoptera) 안에는 나비와 나방이 포함된다. Lepidoptera라는 용어는 분류학의 아버지인 칼 린네가 1746년에 펴낸 저서인 《스웨덴의 동물상》에서 처음 사용한 용어로, '비늘'을 뜻하는 그리스어 lepidos와 '날개'를 뜻하는 ptera를 조합해 '비늘 달린 날개'라는 뜻을 지닌다.

곤충의 목(目) 이름은 전부 그리스어다. 나의 어머니는 그리스어와 라틴어를 공부하셨는데, 한번은 내가 곤충의 학명을 읽어드리자 어떤 곤충인지 추측해낸 적이 있다. 전혀 모르는 분야지만 바로 알아차리신 것이다! 나비목에는 140개 이상의 과가 있으며 다른 곤충들이 그렇듯 분류학자들은 나비목을

나비의 눈부신 날개

나비인가, 나방인가? 놀랍게도 전부 나방이다.

체계적으로 정리하고자 애쓰는 중이다. 지금껏 명명된 18만 종 가운데 99퍼센트에 해당하는 거의 대부분이 암컷 생식기의 특성에 따라 이름 붙인 이문아목(二門亞目)에 속한다. 왜 이렇게 불리는지 그 이유를 파고들면 꽤 신기하다. 이 암컷들은 생식기의 구조가 독특한데, 짝짓기를 위한 문 하나와 알을 낳는 문 하나라는 두 개의 성적인 구멍을 별개로 가지고 있어서 '두 개의 문', 즉 '이문'이라는 이름이 붙었다. 나비 또한 이 집단에 속한다.

작은 정복자들

지금은 멸종된 나방 종인 *Urania sloanus* (Cramer, 1779).

나비에 대한 여러분의 지식은 아마 어렸을 때 들은 이야기에서 비롯할 것이다. 이를테면 나비는 색이 화려하고 주로 낮에 날아다니는 데 반해 나방은 칙칙하고 밤에 활동한다던가, 나비는 쉴 때 두 날개를 바싹 붙여 등 위에 똑바로 세우지만 나방은 등 위로 평평하게 펼친다는 식의 상식 말이다. 여러분 중에 좀

더 깊은 지식을 가진 사람이라면 나방이 몽둥이처럼 생긴 더듬이를 가지고 있는 반면 나비는 그렇지 않다고 알고 있을 수도 있다. 하지만 꽤 많은 나방이 그렇지 않은 것으로 드러났다!

예를 들어 2개의 상과(上科)인 뿔나비나방상과(Calliduloidea, 구대륙 나비목)와 미국나방나비상과(Hedyloidea)에는 미국나방나비과(Hedylidae, 신대륙 나비목)라는 단 하나의 과만 포함되어 있다. 두 상과 모두 나방과 나비처럼 보이는 많은 종을 포함하지만 진짜 나비는 미국나방나비상과에만 포함된다. 사실 진짜 나비들이 속한 부류는 세 번째 상과인 호랑나비상과(Papilionoidea)이다(지금은 미국나방나비상과도 합류했다. 사실 이 상과는 '나방' 분기군 안에 포함되기 때문에 전부 '나방'이라고 불러야 하지만, 이 사실을 일반인들은 쉽게 받아들이지 못할 것이다). 호랑나비상과는 7개 과에 걸쳐 1만 8,500종이 넘는 종으로 이루어져 있다. 7개 과에는 호랑나비과(Papilionidae), 미국나방나비과(야행성 나비들), 팔랑나비과(Hesperiidae), 흰나비과(Pieridae), 부전네발나비과(Riodinidae), 부전나비과(Lycaenidae), 네발나비과(Nymphalidae)가 있다. 수 세기 동안 과학자와 박물학자들을 사로잡은 나비들은 바로 이 부류에 속한다.

영국에서 나비를 채집용 곤충으로 잡기 시작한 것은 빅토리아시대부터였다. 수염을 기른 남자 채집가들 사이에서 열정적인 여성 모험가이자 곤충학자인 마거릿 파운틴(Margaret

작은 정복자들

채집가 한스 슬론(Hans Sloane)이 자메이카에서 발견한 나비들.

나비의 눈부신 날개

Fountaine, 1862~1940)은 거의 독보적이었다. 파운틴은 나비, 그녀의 표현대로라면 '주행성 나비목'에 잔뜩 매료되었다. 그리고 파운틴의 헌신과 재력, 대담한 탐험 덕분에 영국에서 가장 크고 다채로운 나비 컬렉션을 완성했다.

마거릿은 메리 이사벨라 리와 존 파운틴 목사의 장녀였고, 8남매 중 둘째였다. 존, 마거릿, 레이철, 에블린, 제럴딘, 아서, 콘스턴스, 플로렌스 남매는 1877년 아버지가 세상을 떠났을 때 다들 어렸다. 당시 16살이던 마거릿은 아버지가 사망하면서 노리치로 이사해야 했다. 그날은 1878년 4월 15일이었는데, 마거릿은 이날을 일기로 남겼다. 이후로 마거릿이 나비 수집가로서 무엇을 하고 무엇을 보았는지가 담긴 이 일기는 마거릿의 유산이 되었다. "앞으로 일기를 많이 쓸 것이다." 마거릿은 그날의 일기를 이렇게 마무리했다. "1878년 4월 15일을 어떻게 보냈는지에 대한 설명을 마치며, 이제 364일 동안의 작별 인사를 한다." 이날로부터 100년이 흐른 뒤에야 사람들은 이 일기를 읽게 되었고, 그때까지 마거릿의 일기는 아무에게도 알려지지 않았다.

소녀 시절의 파운틴은 노리치에서 대성당을 스케치하거나 식물원을 탐험하고, 가족의 지인인 헨리 존 엘웨스(Henry John Elwes, 1846~1922)의 집을 방문해 나비 컬렉션을 구경하며 시간을 보냈다. 3만 마리에 달하는 표본이 담긴 엘웨스의 컬렉션은 현재 런던 자연사 박물관이 소장하고 있다. 이 시기 마거릿의 일기장에는 연애의 시작부터 끝나는 과정이 담겨 있다. 마거릿의 두 번째 일기는 첫 번째 일기로부터 1년 후에 작성되었는데, 이날은 '마거릿의 날'이었다. 당시 아이들은 생일과 별개로 자기만의 날이 있었고, 그날 좋아하는 사람에게 마음을 고백했다. 1883년까지 마거릿은 여러 번 사랑에 빠졌고, 여기에 대해 주치의였던 뮤리얼에게 편지를 썼다. 마거릿은 이렇게 말했다. "에블린과 나는 편집광적으로 사람들에게 빠져들었다." 마거릿은 그림 그리기를 좋아한다는 글을 쓰기도 했지만, 초기 기록에 인생의 진정한 사랑에 대한 내용은 거의 없었다.

파운틴은 자신의 어머니를 "매우 엄격해서 사람들에게 채찍을 든다"고 묘사했으며 그다지 좋아하지 않았다. 교구 목사의 딸이었던 어머니는 모든 면에서 '구속된 삶'을 살았고, 한 사람과 결혼한 뒤 여러 해에 걸쳐 출산을 했다! 파운틴의 어머니 또한 형제자매가 13명이었으며, 아버지는 형제가 10명이었다. 다행인 것은 아버지가 세상을 떠난 뒤에 이 많은 친척이 아이들에게 경제적 지원을 해주었다는 점이다. 그중 2명은 특히 중요한 역할을 했다.

1886년 6월, 파운틴의 고모부 존 베넷 로스(John Bennet Lawes, 1841~1900) 경은 뜻밖의 횡재를 얻었는데, 그 덕에 파운틴은 집에서 독립할 수 있게 되었다. 파운틴의 고모인 캐롤라

인과 결혼하면서 가족의 일원이 된 로스는 오늘날로 치면 농학자로 불릴 만큼 과학적인 사고방식을 갖춘 지주였다. 영국에서 농학으로 유명한 허트퍼드셔의 로담스테드가 고향인 로스는 식물과 퇴비, 보다 수익성 있는 비료 생산에 대해 연구해 로담스테드 실험센터를 설립했다. 1842년 로스는 처음으로 인공 퇴비를 만들어 특허를 냈고, 뎃퍼드에 세계 최초는 아니지만 영국 최초의 퇴비 공장을 지었다. 로스는 돈을 갈퀴로 쓸어 담았다! 그리고 다행히도 로스는 파운틴의 친척인 에드워드 리 워너(Edward Lee Warner)를 설득해 자신의 사업에 투자하게 한 뒤 새로 일군 부를 조카들에게 남기도록 했다. 파운틴에 따르면 그녀는 이 돈으로 원하는 일을 뭐든 할 수 있었고 자유롭게 훨훨 날 수 있는 날개를 달았다. 그렇게 1891년 파운틴은 여동생 플로렌스와 함께 처음으로 영국을 떠나 스위스로 여행을 떠났다. 그리고 바로 여기서 나비와 사랑에 빠졌다.

 파운틴은 1891년 제네바에서 이런 일기를 남겼다. "나는 종종 오후에 생장에서 시간을 보내며 한 영국인 소녀와 함께 나비를 따라다니곤 했는데, 나비는 곧 내 머릿속을 가득 채웠다. 나는 휴대용 상자에 나비를 채웠으며 그중 몇몇은 어린 시절에 사진으로만 보던 나비들이었다. 그럼에도 나는 날개를 보는 순간 어떤 나비인지 알아맞혔다. 몇 년 전만 해도 희귀한 호랑나비라든가 신부나비를 묘사한 도판을 갈망하며 바라보던 나는 스위스의 한 계곡에서 이 두 종을 모두 발견하고는 이제부터 표본을 만들어야겠다고 다짐했다. 나는 타고난 박물학자지만 그때까지 내 성미를 자극할 만한 것이 없어서 나비가 그저 마음속에만 잠자고 있었다."

이후 50년 동안 파운틴은 예술, 음악, 나비에 대한 열정을 좇아 전 세계를 돌아다니며(당시에는 꽤 놀라운 일이었다) 6대륙 60개 나라에서 표본을 수집했다. 2만 마리가 넘는 나비를 수집한 파운틴의 멋진 컬렉션은 현재 '노퍽 박물관 서비스' 산하의 '노리치 캐슬 박물관'에 소장되어 있다. 이곳 박물관에서 자연사와 지질학 분야를 맡고 있는 수석 큐레이터는 데이비드 워터하우스(David Waterhouse) 박사다(덧붙이자면 워터하우스와 그의 전설적인 전임자 토니 어윈 박사는 박물관에 전시된 코뿔소 뿔을 훔치려던 도둑을 태클로 제압해 큐레이터 업계의 영웅으로 등극했다. 여러분도 절대 큐레이터를 우습게 보지 말라!). 워터하우스는 파운틴의 마법에 걸린 많은 이들 중 한 명이다(어쩌면 그저 파운틴의 컬렉션에 매료된 것뿐일지도 모르지만). 파운틴의 컬렉션은 1825년 박물관이 설립되면서 처음 입수한 소장품들 가운데 하나로, 양이 어마어마했다. 50년 동안 전 세계에서 채집한 2만 2,000마리의 나비 표본을 기증받았으니 그럴 만하다. 워터하우스에 따르면 파운틴은 자신의 컬렉션이 런던 자연사 박물관에 소장되기를 바랐으나, 그러면 컬렉션이 망가질지도 모른다는 말을 듣고 결국 노리치 캐슬 박물관에 기증했다고 한다.

내가 노리치 캐슬 박물관을 방문한 날 워터하우스는 모르포나비 표본을 내놓았다. 남아메리카에서 온 날개가 아름답고 찬란한 표본이었을 뿐만 아니라 워터하우스가 가장 좋아하는 나비였기 때문이다. 그리고 실제로 이것들은 여러분이 지금껏 본 생물 표본 가운데 가장 완벽한 표본일 것이다. 날개가 닳거나 찢어지거나 들러붙은 것도 없고, 다리도 전혀 유실된 것이 없었다. 이는 파운틴이 나비의 생활사를 연구하면서 온전하게 키울 수 있는 사실을 알아낸 덕분인지도 모른다. 실제로 파운틴은 종종 채집한 암컷이 낳은 알을 키웠으며, 100여 마리의 애벌레를 돌보다가 개중에서 가장 완벽한 성충을 선택해 핀으로 꽂아 표본을 만들고 나머지는 풀어주었다(일찍부터 현장의 환경을 보호하자는 주의였을 것이다!).

파운틴은 이 모든 관찰과 경험을 일기장에 기록했고 어디에나 일기장을 가지고 다녔다. 총 12권에 달하는 일기장은 컬렉션과 함께 보관되어 있으며, 모두 천으로 장정해 상자에 봉인되었다. 이 일기장은 평생 진지한 과학자였을 뿐만 아니라 이성과의 교제 대신 나비를 수집하는 데 온전히 몰두했던 한 여성의 모습을 고스란히 보여준다. 여기에는 프랑스를 자전거로 여행한 기록이라든지 스페인 젊은이 8명과 함께 자동차로 테네리페섬을 횡단한 이야기도 담겨 있다. 쿠바와 칠레로 항해

마거릿 파운틴 컬렉션의 일부인
모르포나비의 표본.

작은 정복자들

할 때는 산적단에 합류하기까지 했다. 코르시카섬을 여행할 때는 여섯 딸의 아버지이지만 일단 들판에 나가 채집망을 들면 소년의 영혼을 보여주는 스탠든 씨가 도움을 주었다. 딱정벌레를 채집하는 챔피언 씨와 존스 형제도 등장한다. "나비를 족족 잡아내는 '나비 존스'와 자만심만큼이나 재능이 넘쳐서 스케치에 큰 도움이 될 거라고 말하는, 코르시카섬 풍경을 수채화로 그리는 '화가 존스'"가 그들이다. 이런 딸의 행적에 대해 파운틴의 어머니는 뭐라고 말했을까? 파운틴의 수많은 모험과 다양한 교류에 대한 기록은 100년 동안 열어보지 말라는 구체적인 지시와 함께 상자에 봉인되었다. 1978년, 이 신비로운 일기장을 처음 열어본 사람이 얼마나 흥분했을지 상상이 간다.

마거릿 파운틴이 남긴
12권에 달하는
천으로 장정한 일기의 한 권.

귀중한 나비를 채집하는 마거릿 파운틴의 모습.

워터하우스는 일기장을 펼쳐보는 자리에는 참석하지 않았지만 그 안에 담긴 글을 읽고 파운틴이 노리치 대성당의 수석 합창단원이던 셉티미우스 휴스턴(Septimius Houston)에게 푹 빠졌다고 생각했다. 휴스턴이 "파운틴이 나를 스토킹했다"라고 표현한 것처럼 파운틴은 그에게 집착했고, 여러 해에 걸쳐 남성들과 어울리며 노래 부르거나 여행, 자연 세계 등에 번

갈아 관심을 갖는 강박적인 성격이 이어졌다.

그러다가 흥미롭게도 1901년 시리아의 수도인 다마스쿠스와의 운명적인 만남이 시작되었다. 당시 파운틴이 머물고 있던 호텔에서 시리아인 통역사이자 가이드인 칼릴 네이미(Khalil Neimy)를 만난 것도 이때다. 파운틴은 자신이 직접 고용한 조수이자 해결사로서 오랜 세월을 함께 보냈으며 커다란 애정을 품었던 대상인 이 남자의 첫인상을 다음과 같이 재미있게 묘사했다. "나는 곧 그가 끔찍한 거짓말쟁이라는 사실을 알았지만 그럼에도 그가 굉장히 쓸모 있을 거라고 생각했다." 실제로 네이미는 파운틴의 결혼 제안에 열렬한 반응을 보였지만 그는 이미 혼인한 상태였다. 파운틴이 그 사실을 알게 되었을 무렵에는, 그리고 약혼반지를 비롯한 모든 것이 가짜라는 사실을 알게 된 무렵에는 이미 그에게 푹 빠진 뒤였다. 결국 잠시 헤어졌다가 두 사람의 관계는 다시 시작되었다. 이들은 전 세계를 돌아다니며 곤충을 채집했고 그러는 와중에 파운틴은 가족과 일기, 그리고 가장 중요한 표본들을 처리하기 위해 주기적으로 영국으로 돌아갔다.

파운틴은 다양한 수집품을 모으고 새롭게 발견한 것들을 검토하는 동안 나비에 대해 더 많이 생각했고, 예술가로서 어떤 자세를 가져야 하는지 깨달았다. 예컨대 특정 파장의 빛을 흡수하고 반사하는 색소와 달리, 모르포나비 날개의 비늘은 빛

나비의 눈부신 날개

을 회절시켜 바라보는 각도에 따라 완전히 생생한 것에서 거의 보이지 않는 것까지 멋지게 어른거리며 반짝이는 광학적인 효과와 색조의 변화를 일으켰다. 이 종이 속한 목에 '비늘'이라는 의미를 부여한 것도 이 나비가 눈부시게 빛나고 이후 표본이 된 뒤에도 오랫동안 빛을 잃지 않았기 때문이다.

그리고 여기서부터는 이야기에 흥미로운 차원이 더해진다. 모르포나비 날개의 검은색 가장자리와는 달리, 보는 각도에 따라 색이 변하는 파란색 부분은 색소가 아니다. 만약 햇빛이 들지 않는 곳에 이 표본을 둔다면 검은색 색소는 희미해질 테지만 파란색은 그렇지 않다. 왜 그럴까? 이 나비의 파란색은 구조색(structural color)이기 때문이다. 그것은 사실상 표면에 난 작은 돌기(때때로 유두라 불린다)다. 로버트 훅은 1665년 저서 《마이크로그라피아》의 36번 '공작이나 오리를 비롯한 새들의 깃털에서 보이는 변화하는 색상들' 항목에서 이 돌기를 처음 발견하고 이렇게 묘사했다. "이 눈부시게 아름다운 새의 깃털을 현미경으로 관찰하면 전반적인 깃털만큼이나 화려하게 보인다. 맨눈으로도 각 꼬리 깃털의 대나 깃이 여러 개의 측면 가지를 내보내는 것이 분명히 확인된다. 이 실처럼 엮인 곳을 현미경으로 관찰하면 밝게 반사되는 여러 개의 부분으로 이루어진 길고 커다란 몸체처럼 보인다."

훅은 구조색이 "외관을 굉장히 다채롭게" 하며, 이 색은

작은 정복자들

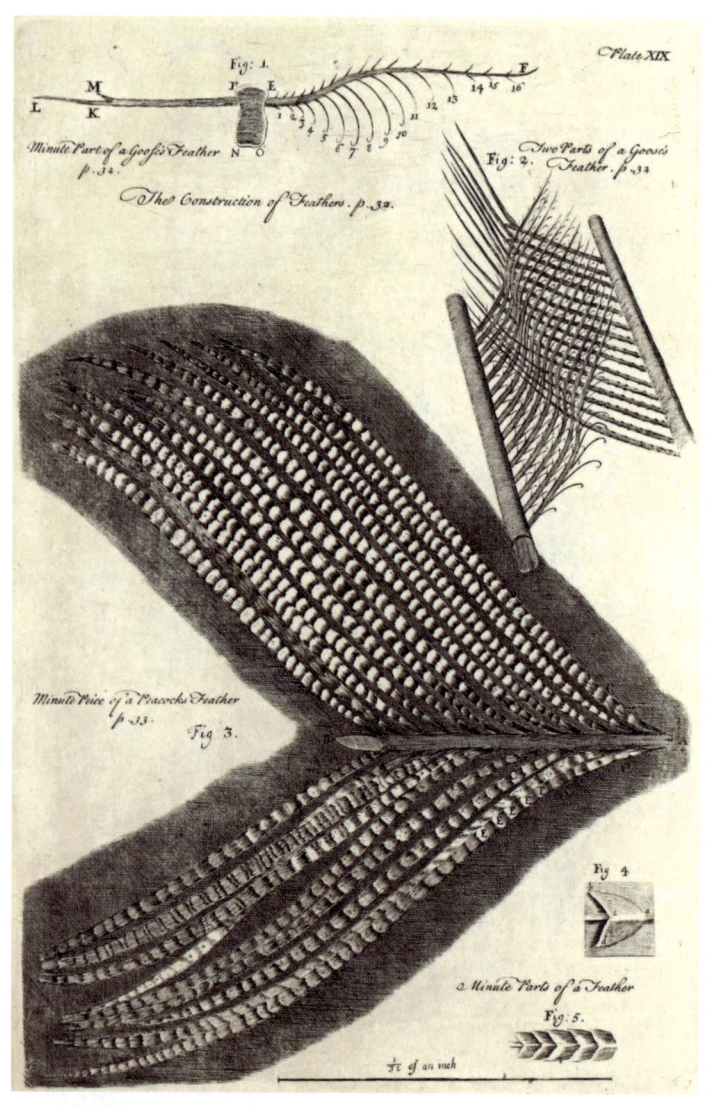

로버트 훅의 책《마이크로그라피아》에 훅이 직접 그린 새의 깃털.

"반사와 굴절"에 의해 생겨난다고 설명했다. 비록 아이작 뉴턴(Isaac Newton, 1642~1727)이 1704년에 이미 '빛의 입자 이론'을 통해 빛이 입자로 이루어졌다는 아이디어를 발전시켰지만, 1801년에 토머스 영(Thomas Young, 1773~1829)은 빛이 파동처럼 행동한다는 결론을 내렸고 물체의 모양이 변화하면 그에 따라 물체에 부딪치는 파동이 바뀌어 간섭 패턴이 생긴다고 주장했다. 그리고 이후 100년 동안 생물 종이 왜 그러한 패턴과 색을 가지는지에 대한 이론이 풍성하게 등장했다.

영국의 동물학자 프랭크 에버스 베다드(Frank Evers Beddard, 1858~1925)는 1892년에 저서 《동물의 색》에서 이 주제에 관해 알려진 모든 지식을 이해하기 쉽게 요약했다. 이듬해에 나온 이 책의 훌륭한 리뷰에 따르면 "깊이 없고 얄팍한 작가들과 분별력이 부족한 대중"의 상당수는 아무런 의문 없이 이론을 믿고 싶어 안달이 났지만, 베다드는 그들과 달리 성 선택, 모방, 방어라는 측면에서 동물의 색소와 구조색의 기능에 대해 의문을 제기한다. 박물관 소장품에서 볼 수 있는 많은 종들은 눈에 띄는 색을 가지고 있는데, 이런 밝은 색상은 종종 짝을 유혹하기도 하지만 동시에 배고픈 포식자를 유인하기도 하는 진화적인 상충관계에 있다고 보여진다. 하지만 여기에는 또 다른 무언가가 있었다.

19세기 후반에 미국의 유명한 예술가이자 박물학자, 자

유사상가였던 애벗 핸더슨 세이어(Abbott Handerson Thayer, 1849~1921)는 각도에 따라 바뀌는 현란한 색상이 자연환경에서 매우 효과적인 은폐 수단이 될 수 있다고 제안했다. 세이어는 자기 아들딸의 초상화부터 동물이나 풍경 그림까지 주변의 모든 것을 열정적으로 관찰해 그리며 성공적인 경력을 쌓았다. 동시에 그는 회화 분야에서 뛰어난 기술을 자랑하는 화가였고, 뮌헨과 파리에서 발전한 색채 이론의 저명한 대가로서 색채가 어떻게 서로 다른 색조와 채도, 강도를 가지는지, 그리고 여러 색채를 나란히 놓았을 때 어떻게 서로를 강화하거나 상쇄하는지 탐구했다.

이처럼 예술과 자연에 강하게 집착한 세이어는 〈보호색의 기초 법칙〉이라는 제목의 여섯 쪽짜리 논문을 출간하기도 했다. 이 논문에서 세이어가 의도한 바는 다음과 같다. "나는 이 논문에서 내가 발견할 수 있는 한, 그동안 발표된 적 없는 아름다운 자연법칙을 제시하고자 했다. 바로 동물의 색에서 보이는 단계적 차이의 법칙인데, 이 법칙은 모방 또는 의태(擬態)라 불리는 현상을 제외한 대부분의 보호색에 적용된다." 이러한 보호색 또는 방어색은 겉으로 밝은색을 띠는 것처럼 보이는 동식물의 색채에 숨겨져 있으며, 세이어에 따르면 더욱 멋진 무언가를 숨기고 있는 개념이었다. 세이어는 동물이 "사라질 수 있다"는 것과, "현란하게 변화하는 색상이나 금속성 색상이 동물이 몸을 은폐하는 데 가장 강력한 요소 중 하나"라는 사실을 알아냈다. 그는 각도에 따라 변하는 색상이 동물계 전반에 걸친 위장 전략의 하나로 분류되어야 한다고 굳게 믿었다.

하지만 이 화려한 동시에 변화 가능한 색상이 어떤 식으로 은폐에 도움을 줄까? 세이어는 빛의 색조가 동물의 윤곽을 평평하게 하고 생김새를 왜곡해서 눈에 띄지 않게 숨기기 때문에 이런 반직관적인 효과를 낸다고 주장했다. 1909년에 세이어가 새로 발견한 법칙에 따르면(누구나 법칙을 발견하고 싶어 한다!) 동물은 자기와 다른 무엇으로, 예컨대 나뭇가지처럼 생김새를 바꾸지 않고도 다만 "존재하기를 멈추기만" 하면 될 뿐이었다. 정말 극적인 순간이다!

세이어의 법칙은 두 가지 원리로 이루어져 있다. 첫 번째는 '소거적인 방어피음(防禦被陰)'으로, 동물의 그림자가 드리워진 밑면과 윗부분의 차이가 점점 사라지고 균등해져 그림자를 숨길 수 있다는 원리다. 두 번째는 '파괴적인 패턴'으로, 임의의 강한 색상 패턴이 윤곽을 깨뜨려서 동물이 사라진 듯 보이게 하거나 생김새를 왜곡하는 원리다. 세이어는 몇 가지 거친 도해와 덤불 속 죽은 새를 여러 각도에서 찍은 일련의 사진을 통해 이 원리를 설명했다. 그는 독자들에게도 집에서 직접 해보라고 권하는데, 나는 이웃에게 내가 무엇을 하고 있는지 도저히 설명할 자신이 없다.

바로 눈앞에 있지만 보이지 않는 세이어의 오리.
왼쪽에 보이는 오리는 방어피음의 원리가 적용되지 않았고,
오른쪽 오리는 방어피음의 원리가 적용되어 전혀 보이지 않는다.

    같은 해 하반기에 세이어는 두 번째 논문을 발표했다. 여기서 세이어는 멧도요 크기의 알(44×31밀리미터)을 조각해 들꿩과 산토끼의 색으로 칠한 뒤 덤불 속에 넣었다. 이제 내가 가장 좋아하는 대목이 등장한다. 세이어가 박물학자를 한 사람 데려왔는데, 그는 색이 단계별로 달라진 알을 찾지 못했고 심지어 어디를 봐야 할지 힌트를 알려주어도 마찬가지였다. 몇몇 알에 밝은색 점을 그려 넣어도 이 박물학자에게는 그저 풍경의 일부처럼 보였다.

    세이어는 미국과 유럽 전역, 옥스퍼드대학교의 호프 자연

사 박물관, 케임브리지 동물학 박물관, 런던 자연사 박물관에서 자신의 관찰 결과를 대중에게 시연했다. 이 효과를 강조해서 드러내고자 다양한 모델이 사용되었다. 1896년 11월에는 미국 하버드대학교의 비교동물학 박물관(MCZ)에서 고구마를 재료로 하는 새로운 법칙을 발표했다. 세이어의 주장은 1859년 다윈의 《종의 기원》 출간 이래로 시작된 동물의 색에 대한 논쟁을 더욱 부추겼다. 다윈과 같은 시대에 이론을 펼친 앨프리드 러셀 월리스는 동물이 색을 띠는 이유에 대해 다윈과 견해가 달랐는데, 세이어는 박물학 지식과 함께 귀중한 화가의 시각을 이 논쟁에 보탰다. 여기에 즉석 사진이 발명되면서 큰 도움을 받기도 했다. 지금처럼 작고 성능이 강력한 카메라를 주머니에 넣고 다니는 즉석 매체의 시대에는 별로 실감하지 못하겠지만, 당시는 이 새로운 기술이 이전의 큼직하고 번거로운 데다 이미지를 얻으려면 화학용품을 조심스레 다뤄야 하고 시간도 오래 걸리는 카메라를 대체했다. 즉석 사진을 통해 세이어는 현장에서 동물의 이미지를 촬영해 자연에 있는 동물을 빠르게 관찰할 수 있었다(경우에 따라 보이지 않기도 했지만).

동물의 색이 동물을 사라지게 하는 데 도움이 될 수 있다는 세이어의 이 새로운 법칙은 많은 이들의 주목을 받았다. 그의 아들 제럴드가 1909년에 아버지와 공동으로 펴낸 저서 《동물계의 색 은폐》의 서문에서 언급했듯이 이 법칙은 특히 영국에서 널리 받아들여졌다. 세이어는 페인트칠한 낡은 천으로 사람의 윤곽을 흐리게 만드는 코트를 만들려는 시도까지 했고, 미국 해군에 이런 종류의 위장이 배 위에서 유용할 거라고 제안했지만 끝내 설득하는 데는 실패했다(참고로 영국의 해양 화가인 노먼 윌킨슨 역시 독일의 유보트로부터 영국의 해군을 보호하고자 비슷한 방식으로 선박에 페인트를 칠하는 방식을 고안했다).

하지만 이 이론에는 여전히 비판자들이 있었다. 많은 과학자들은 포식자에게 경고하거나 잠재적인 짝을 유인하고자 일부러 자신을 눈에 잘 띄는 색으로 치장하는 방식도 존재한다며 세이어에게 강하게 이의를 제기했고, 이것은 옳은 반론이었다. 특히 과학자들은 세이어의 이론이 동물계에 전반적으로 적용된다는 주장에 불만을 표했다. 세이어의 아이디어를 공개적으로 비웃은 가장 유명한 비방자는 커다란 동물 사냥을 즐기던 미국 대통령 시어도어 루스벨트(Theodore Roosevelt, '테디'라는 애칭으로 불리던)였다. 루스벨트는 자신의 사냥 경험을 통해 아프리카 초원의 얼룩말이나 기린이 몇 마일 떨어진 곳에서도 분명하게 보인다는 사실을 알았다. 루스벨트는 세이어에게 이렇게 썼다. "당신이 진심으로 진실을 밝히고 싶다면 그 주장이 말 그대로 터무니없다는 사실을 깨닫게 될 것이다." 1940년이 되어서야 소거적인 방어피음의 법칙은 출판물의 형태로 수용되었다. 영국의 저명한 박물학자인 휴 B. 코트(Hugh B. Cott)가

《동물의 적응색》을 출간하면서부터다. 코트는 동물의 모든 색을 위장으로 설명하려는 세이어의 과도한 열정을 비판하면서도 은폐에 관한 법칙을 강력하게 지지했다.

그에 따라 세이어의 법칙에 대한 의문점은 여전히 남았지만 많은 동물학자들이 조용히 이 아이디어를 수용했다. 영국 브리스틀대학교의 카린 키언스모(Karin Kjernsmo) 박사는 카모랩(CamoLab, 색채에 대해 연구하는 브리스틀대학교의 다학제 연구자 그룹―옮긴이)에서 활동하는 행동 및 진화 생태학자로, 동물이 포식자에게 잡아먹히지 않으려고 색과 패턴을 어떻게 활용하는지에 대해 연구하고 있다. 키언스모에 따르면 세이어의 주장을 지지하는 가장 설득력 있는 사례는 동물의 비생식 생애 주기에서 나타나는 각도에 따라 달라지는 몸의 색이다. 이런 현상은 여러 곤충의 성체와 어린 형태에서 발견된다. 이런 화려한 무늬와 색상은 짝짓기 상대에게 과시하려는 것이 아니다. 딱정벌레의 구더기나 나비의 번데기 같은 유충 형태는 성적으로 번식하지 못하기 때문이다. 유충은 잡아먹히지 않으려고 애쓰면서 먹이를 먹는 단 한 가지 활동만 잘하면 될 뿐이다. 여러 이유에서 유충은 가장 무방비한 상태이며, 상당수는 비활성 상태이기 때문에 세이어가 강조한 것처럼 스스로 위장하는 전략을 채택해야 한다. 바로 "각도에 따라 몸 색깔이 달라지는 동물의 표면이 다양한 거리와 깊이로 녹아드는 것처럼 보이는" 전략이다. 세이어는 시대를 앞선 인물이었다. 시각을 현혹시키는 것이 최고의 위장 전략이라고 주장했을 뿐만 아니라 이런 구조색이 만들어지는 방식을 제안했기 때문이다. 세이어의 이론이 발표된 지 한 세기가 넘은 최근에서야 이 이론을 뒷받침할 증거가 발견되었다. 역시 영상 기술의 발전 덕분이었는데, 이번에는 전자 현미경을 통한 이미지였다.

예컨대 딱정벌레에게 각도에 따라 몸 색깔을 달라지게 하는 가장 일반적인 방식은 여러 층을 이용하는 것이다. 1장에서도 언급했듯이 생물의 외골격은 여러 층의 키틴으로 구성된다. 키언스모의 설명에 따르면 백색광이 이 각각의 층을 통과할 때 크기가 다른 파장은 층 사이의 간격에 따라 반사되거나 상쇄된다. 인간을 비롯한 모든 동물은 특정 파장만 감지할 수 있다. 햇빛은 여러 파장 또는 색이 섞여 있으며 그에 따라 백색광이 만들어진다. 하지만 이 백색광이 물체에 닿으면 여러 파장으로 나뉘어 흡수되거나 방출된다. 그렇게 이러한 동물의 구조가 우리 눈에 보이는 다양한 색을 정의한다. 딱정벌레의 몸에서 보이는 색은 키틴 층 내부의 간격에 따라 달라진다.

키언스모는 딱지날개(elytra)라고 불리는 아시아비단벌레(*Sternocera aequisignata* Saunders, 1866)의 겉날개를 살펴 몇몇 동물들의 몸 색깔이 왜 각도에 따라 달라지는지를 자세히 탐구했다. 비단벌레과(Buprestidae)에 속한 비단벌레는 영어권에서 '보

나비의 눈부신 날개

각도에 따라 바뀌는 아시아비단벌레의 몸 색깔은
포식자로부터 몸을 숨기는 데 도움이 된다.

석 딱정벌레'로 불리는데 꽤 적절한 이름이다. 왜냐하면 그동안 전 세계에서 장신구로 많이 사용되었기 때문이다. 영국에서 빅토리아시대의 여성들은 엄청나게 많은 딱정벌레를 죽여 변덕스러운 패션 감각을 만족시키고자 했다. 드레스에는 비단벌레의 딱지날개를 수놓아 장식할 만큼 당시 여성들은 각도에 따라 반짝이는 이 곤충에 열성적이어서 풍자 만화잡지 〈펀치〉는 이런 숙녀들의 캐리커처를 삽화로 실을 정도였다.

세이어의 실험적인 연구에 맞춰 키언스모는 비단벌레의

작은 정복자들

잡지 〈펀치〉에 실린 1870년 4월 2일자와 1869년 10월 16일자 삽화.

딱지날개를 다양한 색과 광택, 배경을 가진 식물 위에 배치했다. 그리고 먼저 새들이 곤충의 딱지날개를 발견하는지 관찰했다. 그런 다음 다시 한번 박물학자를 불러(아마 이번에는 학생이었을 것이다) 곤충을 찾아보라고 했다. 아무도 곤충을 발견하지 못한다면 제대로 된 위장일 것이다. 하지만 사람들만 곤충을 발견하고 새들은 발견하지 못한다면 아마도 새들을 쫓아내는 '혐오스러운' 경계색일 가능성이 있다. 결과적으로는 사람과 새 모두 곤충을 찾아내지 못했다. 게다가 인접한 식물 잎의 광택이 곤충의 은폐를 더욱 도왔다.

밝은색이 오히려 포식자를 막는다는 반직관적인 아이디어는 마거릿 파운틴을 매혹시켰다. 파운틴은 다양한 색을 띤 곤충의 생활사를 그림으로 남겼는데, 이 공책은 현재 런던 자연사 박물관의 희귀 도서실에 안전하게 보관되어 있고 특별 컬렉션 담당자인 안드레아 하트(Andrea Hart)가 큐레이션을 맡고 있다. 파운틴은 구조색의 놀라운 광학적 효과가 포식자를 억제할 수 있다는 사실을 알아차렸으며, 일상생활의 온갖 물체들을 활용해 동일한 효과를 내도록 종이 위에 꾸몄다. 예컨대 하트는 파운틴이 번데기를 표현할 때 담배 상자의 밝은 은색 호일 안감을 사용했다는 사실을 발견했다. 그뿐만 아니라 파운틴은 키언스모의 현장 실험과 마찬가지로 번데기 옆에 숙주 식물을 그려 넣어 식물의 색상과 구조가 움직임이 거의 없는 생물을 어떤 식으로 숨기는지 보여주었다.

각도에 따라 달라지는 색은 자연계에서 우리가 알고 있는 가장 놀라운 색인 동시에 포식자를 속이는 독특한 특성을 가지고 있어서 곤충학자뿐만 아니라 많은 사람들의 관심을 끌고 있다. 영국 옥스퍼드대학교 그린 템플턴 칼리지의 방문 연구자인 생명공학자 앤드루 파커(Andrew Parker) 교수는 30년 넘게 각도에 따라 색이 바뀌는 모르포나비 날개 세포의 특성을 재현해서 다양한 상업용 제품에 적용할 내구성 강한 색소를 만들어왔

겉이 금속성 색을 띠는 *Mechanitis polymnia* (Linnaeus, 1758)
(이명은 *Mechanitis isthmia* Bates, 1863)의 번데기를 그린 마거릿 파운틴의 공책.

곤충의 변태에서 보이는 금속성의 마법.
오렌지색 얼룩이 있는 나비인 *Mechanitis polymnia*의 번데기.

다. 자동차가 영구적으로 반짝이도록 해주는 페인트라든지 색이 바래지지 않는 의상이 그런 예다. 파커는 광자(光子) 기반 구조와 눈을 연구하는 연구팀을 이끌고 있으며, 2006년에 출간한 저서 《일곱 가지 치명적인 색들: 자연의 팔레트가 지닌 놀라운 솜씨》는 자연계에서 색이 어떻게 만들어지는지, 우리 인간이 그것을 어떻게 모방할 수 있는지를 다룬다.

자연에서 각도에 따라 달라지는 색을 재현하려던 파커의 초기 시도는 실험실에서 나비의 조직을 배양하는 작업부터 시작됐다. 파커는 충분한 영양분이 주어지면 각각의 세포가 수천 개의 비늘을 생성할 거라 기대하며 번데기에서 날개 비늘로 발달할 세포를 채취했다. 그런 다음에 비늘을 떼어내 투명한 액체에 넣으면서 비늘이 각도에 따라 색이 달라지는 페인트를 제공할지도 모른다고 추측했다. 하지만 세포를 비늘로 변환하는 과정에서 원래 세포의 일부가 반복적으로 손실되는 바람에 실망스러울 만큼 생산량이 적었다. 세포 하나가 거의 비늘 하나를 만들어내는 정도였다!

보다 최근에 파커는 하이테크 기계공학 분야에 진출해 라이프스케이프드라는 회사를 설립했다. 이 회사는 그가 순수 구조색이라 부르는, 모든 각도에서 강도를 유지하고 햇볕에서도 바래지지 않으며 강렬한 색을 첨가한 매우 얇은 층상 시트를 만든다. 자세한 제조법은 비밀에 붙이고 있는데, 아직 정확한 메커니즘이 자연에서 발견되지 않았으며 이산화규소를 결합해서 이런 제품을 대량으로 생산할 수 있다는 정도만 밝히고 있다. 시트에 생성된 나노 크기의 패턴이 빛을 산란시켜 모든 방향에서 볼 수 있는 색상을 만들어내며, 패턴의 크기를 변경하면 다양한 색상이 나온다. 그런 다음 시트를 사용해 물체를 덮으면 된다. 2020년에 파커는 나이키와 제휴해 매우 비싼 운동화를 만들기도 했다. 이 운동화의 코팅 두께는 머리카락의 10만 분의 1에 불과하지만 화려한 색감을 띤다. 파커의 설명에 따르면 그야말로 사람의 넋을 빼놓을 정도다. 나비의 기술을 발에 신고 다니는 것이다!

사람들이 이 기술에 열광하는 것은 비단 미적인 이유 때문만은 아니다. 구조색을 개발하는 데는 훨씬 실용적이면서도 환경적으로도 납득할 만한 이유가 있다. 이 글을 쓰는 현재, 파커는 산업용 장비에 색을 칠하고 있다. 전 세계에서 가장 큰 여객기인 에어버스 A380의 겉면을 페인트로 칠한다고 상상해보라. 무려 3,600리터의 페인트가 필요하며 0.2밀리미터의 두께로 한 층을 칠할 때마다 650킬로그램이 추가될 것이다. 이렇게 페인트를 다시 칠할 때마다 무게가 더해지면 비행하는 데 필요한 연료의 양이 늘어나 비용이 많이 들 뿐 아니라 환경에 해를 끼치게 된다. 이런 상황에서 색이 바래지지 않는 페인트를 사용한다면 돈도 아끼고 지구도 살릴 수 있다.

이 기술이 하나의 색깔만 재현할 수 있는 건 아니다. 파커는 이 기술이 스펙트럼의 모든 미세한 색감을 만들 수 있다고 이야기한다. 하나의 거대한 색상표와도 같다는 것이다. 가능성은 무한하며, 다양한 각도에서 색상을 제어하는 방법을 알아낸다면 과학소설(SF)에나 등장할 법한 '몸을 안 보이게 가리는 망토'를 개발할 수도 있다.

마지막으로 여러분이 주의할 점이 하나 있다. 키언스모에 따르면 각도에 따라 색이 바뀌는 포장은 이미 우리 주변 슈퍼

나비의 눈부신 날개

렉서스에서 생산한 스트럭처 블루 모델.
일곱 층으로 이뤄진 색소 덕분에 겉면이 어느 각도에서나 반짝인다.
모르포나비 날개의 푸른 구조색에서 영감을 받았다.

마켓의 진열대에도 있다. 그것은 우리를 끌어들이기 위해서가 아니다. 어쩌면 나비들이 그렇게 하듯이 가능하면 성분표를 눈에 띄지 않게 가려서 여러분이 자세히 살피지 않도록 하기 위함이다. 교활하지 않은가.

쿵가 케이크로 여러분의 생일을
특별하게 기념해보세요.

07
궁극적인 재활용

> 북쪽 지방에서는 특정 계절에 각다귀 같은 작은 곤충이
> 구름 떼처럼 몰려와 상공을 가득 메운다.
> 그러면 사람들이 밤에 곤충을 잡아서 그걸 재료로
> 케이크를 굽는데 이것을 '쿵가'라고 부른다.
> 이 케이크는 캐비어나 소금 친 메뚜기와 비슷한 맛이다.
> ―데이비드 리빙스턴(1865)

나는 런던 자연사 박물관의 소장품에 해충이 꼬일까봐 보통 책상에서는 음식을 먹지 않는다. 하지만 케이크는 한 조각 있다. 겉으로 보기엔 돌덩이 같지만 수많은 곤충들을 짓눌러 반죽처럼 뭉쳐놓은 것이다. 이 케이크는 '쿵가' 또는 '쿵구'라고 불리는데, 아프리카 오대호 가운데 하나이며 아프리카에서 세 번째로 크고 두 번째로 깊은 말라위 호수(여러분이 어느 나라에서 발장구를 치느냐에 따라 '니아사 호수' 또는 '라고 미아사'라고도 불린다) 위를 일 년 내내 떼 지어 다니는 각다귀로 만들어졌다. 이 호수에는 700종이 넘는 시클리드 어종이 서식하고 있으며, 그중 상당수가 수족관 산업을 위해 양식되고, 28종의 민물 달

팽이와 1종의 게도 있다. 또 이곳에 사는 여러 곤충 가운데는 학명이 *Chaoborus edulis*인 날파리도 있다. 이 종은 털모기과(Chaoboridae)에 속하며 *edulis*라는 이름이 암시하듯(edulis는 라틴어로 '먹을 수 있는'이라는 뜻이고, 같은 뜻을 가진 영어 단어 edible과 비슷하다 - 옮긴이) 인간이 먹을 수 있다.

스코틀랜드 출신의 대담하고 악명 높은 탐험가인 데이비드 리빙스턴(David Livingstone, 1813~1873)은 1872년에 펴낸 《리빙스턴의 아프리카: 아프리카 내륙에서 펼쳐진 위험천만한 모험과 엄청난 발견들》에서 이 곤충에 대한 기록을 남겼다. 하지만 아무리 모험을 좋아하는 리빙스턴이라고 해도 실제로 이 케이크를 맛보지는 않았을 것 같다.

서양식 식사를 하는 사람들이 보기에는 각다귀가 이상한 식재료처럼 보일 수 있지만, 이 곤충으로 햄버거 패티나 케이크를 만들면 원하는 만큼 풍부한 단백질을 섭취할 수 있다. 각다귀는 이제껏 내가 본 곤충들 가운데 잡아들이는 방식이 가장 간단하다. 프라이팬에 기름을 두른 뒤 곤충 떼 근처에서 흔들면 각다귀가 프라이팬에 달라붙어 곧바로 요리할 수 있다. 예전에 나도 각다귀를 먹어본 적이 있는데 육지에 사는 새우와 비슷한 맛이 났던 것으로 기억한다. 꿀주머니 맛이 나는 어린 꿀벌을 먹어본 적도 있고 귀뚜라미나 메뚜기를 먹어본 경험도 있으며, 애벌레 똥으로 만든 차도 마셔본 적이 있다. 실제로 차

궁극적인 재활용

나무 잎만 먹는 화랑곡나방 애벌레의 똥으로 만든 지역 특산물인 차가 있다. 일반 차에 비해 영양분과 비타민, 단백질이 풍부하다는 점에서 여러 장점이 있다고 한다. 차를 마실 때 기대되는 갈증 해소와는 반대로 목이 탄다는 점 때문에 내게는 일반 차만큼 만족스럽진 않았지만 말이다. 그 밖에도 여러 곤충에게 다양한 식물을 먹이로 주어 다양한 맛이 나는 제품을 만들기도 한다. 이처럼 곤충을 재료로 해서 만든 음식을 마시거나 먹는 것은 전 세계적인 현상이며 예나 지금이나 우리 식단의 일부이다. 곤충을 먹는 이런 행태를 식충성(entomophagy)이라고 하는데, 유엔식량농업기구(FAO)의 추정에 따르면 오늘날 20억 명이 넘는 인구가 곤충으로 식단을 보충하고 있다.

키어런 휘태커(Kieran Whittaker)는 양질의 지속 가능한 곤충 단백질을 생산하기 위해 설립된 곤충 식량 회사인 엔토사이클의 설립자이자 CEO로, 자연경관이 아름답기로 손꼽히는 곳에서 다이빙 강사로 5년을 일한 후 이 아이디어를 떠올렸다. 그는 태국에서 멕시코까지 전 세계를 돌아다니며 다이빙을 가르치고 여행하며 건강한 음식을 먹었지만, 이 과정에 문제가 있다는 사실을 깨달았다. 바로 우리가 엄청난 탄소 발자국을 가진 단백질을 소비하고 있다는 것이었다. 영국의 대표적인 슈퍼마켓인 테스코가 의뢰한 보고서에 따르면, 옥스퍼드 마틴스쿨의 '식량의 미래' 프로그램에서 조사한 결과 영국인들은 연간

25억 개의 소고기 햄버거를 소비하는 것으로 나타났다. 여기에 저녁으로 먹는 로스트비프를 비롯해 여러 소고기 음식을 추가하면, 한 사람이 435억 킬로미터를 자동차로 운전하는 것과 같은 양의 이산화탄소를 배출하는 셈이다. 참고로 지구상의 자동차 소유주들이 1년 동안 운전한 거리(2만 8,968킬로미터 정도)를 모두 더해야 이 정도 수치가 나온다. 여기에 닭, 돼지, 생선을 비롯해 농장에서 사육하는 동물의 고기까지 추가하면 요점이 더 분명하게 드러난다. 휘태커는 다이빙 강사로 일하기 전에 환경디자인을 공부했던 만큼 2017년 영국 런던의 철도 구름다리 아래에 구더기 공장을 세워 이곳을 유용하게 활용했다. 구더기 공장이라고 하면 누군가는 불쾌하게 느낄 수도 있겠지만 사실상 최첨단 기술을 활용하는 공장이다. 여기에 지구를 구하는 데 상당한 도움이 되는 것은 덤이다.

 막상 엔토사이클 사무실에 가면 이곳에서 무슨 일을 하는지 바로 알기가 힘들다. 하지만 묵중한 문을 열고 들어가면 곤충이 줄지어 담긴 컨테이너가 있다. 여기서 수많은 암수 아메리카동애등에(*Hermetia illucens* (Linnaeus, 1758))들이 암컷과 수컷이 모였을 때 할 법한 일을 하고 있다. 말벌과 비슷하게 생긴 이 곤충은 그야말로 원조 '힙스터'라고 할 수 있다. 이 종의 유충은 유기농 먹이만 먹으며 재활용을 좋아하기 때문이다. 우리의 관심을 끄는 대상도 역시 글루텐을 많이 함유한 유충, 즉 애

궁극적인 재활용

아메리카동애등에의 모습.

벌레(구더기)다.

입으로 먹이를 씹는 힘이 강력한 이 애벌레는 거의 모든 종류의 유기물 쓰레기를 잘게 부수고 삼키며 그것을 고품질의 식용 단백질로 변형시키는 놀라운 능력을 지녔다. 동시에 자신의 몸집보다도 훨씬 작은 탄소 발자국을 남긴다. 이 애벌레의 또 다른 놀라운 점이 있다면 폐기물을 분해하는 다른 종들처럼 성체 자체도 폐기물이나 액체에 녹는 먹이를 섭취하지 않으며 질병을 퍼뜨리지 않는다는 것이다. 휘태커는 이 애벌레를 '슈퍼 파리'라고 부르는데, 가축과 애완동물 사료를 비롯해 훨씬

먹이를 우적우적 먹는 아메리카동애등에 애벌레.

많은 용도로 쓰이는 저렴하고 깨끗하며 신뢰할 만한 단백질을 찾아야 할 필요성이 높아지는 오늘날 그야말로 보석 같은 존재라고 할 만하다. 전 세계적으로 단백질에 대한 수요가 증가하면서 지구를 희생하지 않고도 지속 가능하고 여러모로 확장성 있는 대안을 찾는 것이 시급한 때다. 이에 곤충 단백질, 특히 아메리카동애등에 유충은 토지를 덜 필요로 하는 데다 농사지을 물을 사용하지 않아도 되고, 다양한 유기 폐기물만 먹이로 주면 잘 자란다. 아메리카동애등에를 사육하는 공장은 우리가 자연계 최고의 업사이클링(단순한 재활용을 넘어서 새로운 디자인

궁극적인 재활용

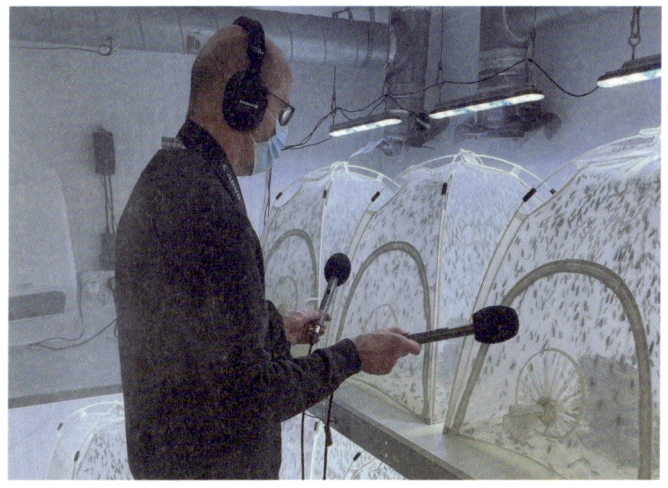

사육 중인 아메리카동애등에의 교미를 기록하는 모습(순전히 과학적인 이유로).

이나 기술을 추가해 재탄생시키는 것 – 옮긴이) 기계인 이 곤충을 활용해서 농사짓는 방식과 전 세계를 먹여 살리는 방식에 혁명을 일으킬 수 있는 하나의 사례를 보여준다.

아메리카동애등에가 '슈퍼 파리'로 명성을 얻기까지는 꽤 오랜 시간이 걸렸다. 원산지인 북아메리카에서 처음 발견된 이 곤충은 스웨덴의 분류학자 칼 린네에 의해 집파리속(*Musca*)으로 분류되었다. 그래서인지 수백 년 동안 이 곤충은 함께 묶인 집파리류와 마찬가지로 퇴비에서 살아가는 파리로 조절되거나 통제되어야 할 대상으로 간주되었다. 실제로 집파리와 밀접

콧수염을 멋지게 기른 곤충학자
찰스 발렌타인 라일리.

한 관련이 없는 종이지만 둘 다 부정적인 시선을 받은 것이다.

아메리카동애등에의 생활사를 더 자세히 들여다보고 탐구하기 시작한 사람은 불굴의 곤충학자 찰스 발렌타인 라일리(Charles Valentine Riley, 1843~1895)다. 이색적이고 대담한 예술가이자 삽화가였던 라일리는 잘 다듬어진 콧수염을 가진 인물로, 북아메리카에서 현대 곤충학의 아버지로 종종 묘사되곤 한다. 열정적인 곤충 수집가였던 라일리는 곤충 표본을 모아 정리하는 학문 분야에서, 곤충의 다양성과 생태를 비롯해 해충의 응용 관리에 과학적 분석을 수행하는 분야로 서서히 변화시켰다. 여기에 대해 1875년에 라일리는 이런 글을 남겼다. "곤충은 자연 경제에서 가장 중요한 역할을 할 뿐만 아니라 우리에게 귀중한 산물을 제공하고 간접적으로도 많은 도움을 준다. 하지만 농작물과 가축에 피해를 끼침으로써 우리에게는 성가심을 안기는 대상으로만 알려진 게 사실이다. 그러니 곤충에 대한 제대로 된 지식과 연구는 모든 농부에게 중요하고 거의 필수적이다."

라일리 또한 성장 과정에서 곤충 못지않게 여러 번 환경

궁극적인 재활용

이 바뀌었다. 런던에서 목사 찰스 에드먼드 퓨트렐 와일드와 메리 캐넌 부부 사이에서 태어난 라일리는 어머니나 아버지와는 다른 성을 가지고 있었다. 그와 남동생 조지는 라일리라는 성으로 불렸는데, 당시에는 사회적으로 용납되지 않는 결정이었다. 세 살 때 라일리 형제는 어머니의 손에서 런던 외곽에 사는 숙모의 손으로 옮겨졌고, 신분 또한 노동 계급인 간호사의 아이가 되었다. 비록 불안해 보이는 어린 시절이었지만 라일리는 강둑을 따라 뛰어다니며 지역 공원을 탐험하는 자유를 누렸고, 그 과정에서 자연에 대한 사랑을 키우고 영감을 얻었다. 13살이 되면서 라일리는 정식으로 학업을 이어가기 위해 유럽 대륙으로 갔고, 금세 예술과 박물학 분야에서 두각을 드러냈다. 15살에는 곤충에 관한 책을 쓰기도 했다. 라일리의 특별한 어린 시절과 관련된 이야기는 모두 형제자매인 에드워드 스미스와 재닛 스미스가 부모의 죽음에 관해 쓴 글(1996)에서 참고했다. "아버지 와일드는 51세에 채무자가 되어 감옥에서 사망했고, 어머니 메리는 실망하고 낙담한 끝에 58세에 세상을 떠났다." 실망하면 죽음에 이를 수도 있다니, 아이를 꾸짖으면서 잔소리하는 모든 부모에게 교훈이 되는 이야기다!

1860년, 어머니가 사망하기 전에 라일리는 친구 조지 에드워즈와 그의 가족을 따라 유럽에서 미국으로 이주했다. 가족을 통해 가까워진 친구 에드워즈는 시카고에서 남쪽으로 80

작은 정복자들

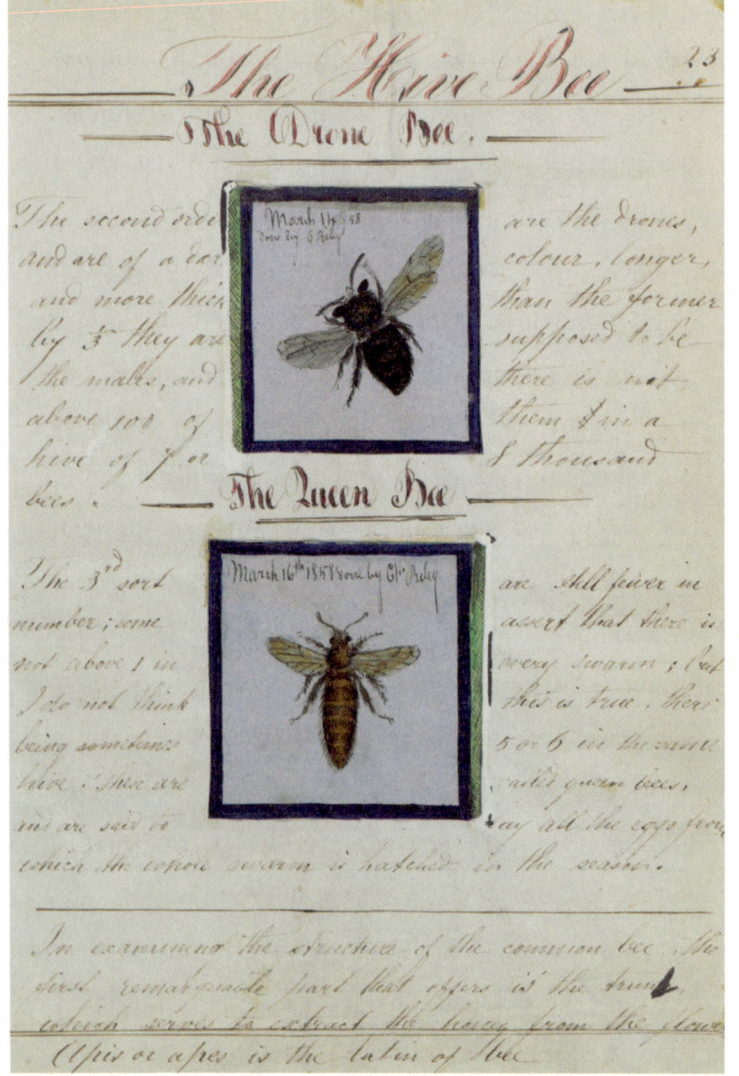

1858년, 불과 15세의 나이에 라일리가 직접 글을 쓰고
삽화를 그린 곤충의 자연사에 관한 책.

킬로미터 떨어진 일리노이주 칸카키라는 시골에서 농장을 운영했다. 이민을 떠나기 몇 해 전, 런던 신문에 실린 광고를 보고 미국에서 축산업에 뛰어들어야겠다고 마음먹은 에드워즈 가족은, 아메리카 대초원에 땅을 얻고자 희망하는 19세기 유럽인들의 물결에 합류했다. 라일리는 처음에 고생 일색이었는데, 곧 이 지역에서 농부를 괴롭히는 수많은 시련과 고난에 대해 알게 되었다. 해충으로 인한 농작물의 황폐화도 그중 일부였다. 얼마 지나지 않아 라일리는 조금 덜 고생스러운 삶을 위해 시카고로 이주했고, 나라를 먹여 살리는 농부들을 돕기 위한 지역 신문인 〈대초원 농부〉에 글을 쓰기 시작했다.

미국 농무부(USDA) 소속 곤충학자인 도널드 C. 웨버(Donald C. Weber)는 라일리가 한때 담당했던 직책을 맡고 있으며, 2019년에는 《찰스 발렌타인 라일리: 현대 곤충학의 창시자》를 공동으로 저술했다. 웨버는 라일리를 '문제 해결자'라고 묘사했는데, 농사꾼들이 보낸 많은 질문에 하나하나 답했기 때문이다. 예컨대 농작물의 꽃가루받이를 개선하는 방법, 농업을 다양화하는 방법, 여러 곤충이 농작물에 끼치는 피해에 대처하는 방법 등이 그것이다. 그에 따라 라일리는 점점 명성이 높아졌고 미주리주의 저명한 곤충학자로 꼽힐 정도였다. 라일리의 유명한 연구 과제 중 하나는 1873년부터 1877년까지 서부의 여러 주를 휩쓴 로키산메뚜기(*Melanoplus spretus* (Walsh, 1866))

의 굶주린 무리에 관한 것이었다. 흥미롭게도 당시 라일리는 메뚜기를 잡아먹어 메뚜기떼를 통제하자고 주장했다. "기회가 있을 때마다 나는 다양한 방식으로 요리된 메뚜기를 먹어 치웠고, 다른 음식을 먹는 대신 반쯤 성장한 메뚜기의 수많은 성분을 여러 형태로 섭취했다. 몇 가지 선입견을 가지고 실험을 시작했기에 불쾌한 맛을 극복해야 할 것이라 믿어 의심치 않았던 나는 곧 이 곤충으로 누가 어떻게 요리하든 매우 맛있게 먹을 수 있다는 사실을 알고 놀라움을 금치 못했다. 물론 조리하지 않은 날것의 메뚜기는 맛이 지독하고 불쾌하지만, 요리하고 나면 맛이 좋은 데다 취향에 따라 재료를 넣으면 본연의 맛이 생각나지 않을 만큼 담백하다. 하지만 내가 무엇보다 바람직하다고 여긴 점은 메뚜기를 조리할 때 세심한 준비 과정이나 양념이 그다지 필요하지 않다는 것이었다."

라일리는 이미 시대를 수십 년 앞선 아이디어를 가지고 있었으며, 미주리주에서만 유명했던 게 아니라 미국 전역에서 큰 영향력을 발휘했다. 대표적으로《해충과 익충, 그리고 여러 곤충들》처럼 새로운 곤충 종과 생활사, 곤충을 통제하는 방법에 대한 설명이 가득한 책과 논문을 절찬리에 출간한 것이 그런 사실을 뒷받침한다. 라일리는 많은 사람이 혐오하는 생물에서 강한 매력을 느꼈고, 이들의 생활사 가운데 가장 복잡한 부분을 조사하는 데 많은 시간을 썼다. 수액을 빨아먹는 곤충인

궁극적인 재활용

포도뿌리혹벌레(*Daktulosphaira vitifoliae* (Fitch, 1855)), 로키산메뚜기, 긴노린재(*Blissus leucopterus* (Say, 1832))가 그런 예다. 이러한 곤충에 대한 새로운 발견이 라일리의 곤충학 연구를 새로운 차원으로 끌어올렸다. 그는 자신이 연구한 곤충들을 아름다운 세밀화로 직접 그리기도 했는데, 이 삽화가 실린 책과 논문은 라일리가 그동안 쏟은 노력에 대한 진정한 기념비였다. 그리고 웨버가 강조하듯이 상당수의 논문을 품질 좋은 종이에 인쇄해서 찰스 다윈을 비롯해 당대의 저명한 과학자들에게 보낸 것 또한 단순한 쇼맨십 이상의 의미가 있었다.

1869년에 발표한 첫 논문에서 라일리는 "작지만 강력한 곤충이라는 적수들"을 이해하고자 수많은 농장 일꾼들과 직접 대화를 나눴다고 밝혔다. 이미 몇몇 곤충이 농작물에 끼치는 피해에 대해 알고 있던 농부들도 라일리에게 곤충을 보내 그가 곤충의 생활사와 습성을 더 깊이 이해하는 데 도움을 주었다. 하지만 해충을 염려한 것은 과일이나 채소 재배자뿐만 아니라 양봉가들도 마찬가지였다. 미국에서는 1880년대에 아메리카동애등에가 남부의 여러 주를 빠르게 휩쓸었고, 이 곤충이 벌집을 침범하면서 양봉가들도 걱정하기 시작했다. 또다시 이 '슈퍼 파리'는 부당하게도 나쁜 평판을 얻게 되었다.

양봉가들은 벌집에서 아메리카동애등에의 애벌레를 발견했지만, 웨버에 따르면 라일리는 이 곤충이 꿀벌을 잡아먹는

작은 정복자들

THE STATE ENTOMOLOGIST. 15

tree received from a distance should be examined from "top to stern," as the sailors say, before it is planted, and all insects, in whatever state they may be, destroyed. There can be do doubt that many of our worst insect foes may be guarded against by these precautions. The Canker-worm, the different Tussock-moths or Vaporer-moths, the Bark-lice of the Apple and of the Pine, and all other scale insects (*Coccidæ*), the Apple-tree Root-louse, etc., are continually being transported from one place to another, either in earth, on scions, or on the roots, branches, and leaves of young trees; and they are all possessed of such limited powers of locomotion, that unless transported in some such manner, they would scarcely spread a dozen miles in a century.

In the Pacific States, fruit-growing is a most profitable business, because they are yet free from many of the fruit insects which so increase our labors here. In the language of our late lamented Walsh, "although in California the Blest, the Chinese immigrants have already erected their joss houses, where they can worship Buddha without fear of interruption, yet no 'Little Turk' has imprinted the crescent symbol of Mahometanism upon the the Californian plums and the Californian peaches." But how long the Californians will retain this immunity, now that they have such direct communication with infested States, will depend very much on how soon they are warned of their danger. I suggest to our Pacific friends that they had better "take the bull by the horns," and endeavor to retain the vantage ground they now enjoy. I also sincerely hope that the day will soon come when there shall be a sufficient knowledge of this subject throughout the land, to enable the nation to guard against foreign insect plagues; the State against those of other States, and the individual against those of his neighbors.

THE CHINCH BUG—*Micropus leucopterus*, Say.

(Heteroptera, Lygæidæ.)

[Fig. 1.] Few persons will need to be introduced to this unsavory little scamp, but, lest perchance, an occasional reader may not yet have a clear and correct idea of the meaning of the word Chinch Bug, I represent herewith (Fig. 1) a magnified view of the gentleman. The hair-line at the bottom shows the natural size of the little imp, and his colors are coal-black and snow-white. He belongs to the order of Half-winged Bugs (HETEROPTERA), the same order to which the well known Bed Bug belongs, and he exhales the same loathsome smell as does that bed-pest of the human race. He subsists by sucking, with his sharp-pointed

1869년 라일리가 발표한 논문. 멋지게 인쇄된 이 논문은
"여러분, 제 첫 연례 보고서를 발표합니다"라는 문구로 시작한다.

궁극적인 재활용

게 아니라 사체의 잔해를 먹는 것뿐이라고 안심시켰다. 아메리카동애등에는 말벌과 비슷하게 생겼지만, 말벌이 복부가 점점 가늘어지는 것과 달리 이 곤충은 그렇지 않을뿐더러 다른 곤충을 죽이지도 않았다. 대신 이 곤충은 청소부 역할을 하며 쓰레기를 먹이로 재활용했다. 그리하여 아메리카동애등에의 유충은 물속 식물인 조류(藻類), 썩은 고기, 퇴비 더미, 분뇨, 곰팡이, 식물성 쓰레기, 벌집에서 나온 노폐물 등 다양한 종류의 썩어가는 유기물에서 번성하는 무해한 청소부로 승격되었다. 라일리는 아메리카동애등에가 겉보기로는 파괴 행위를 자행하는 것 같지만 사실은 장점이 많다는 사실을 알아차리고 온갖 영향력을 활용해 이 점을 널리 알렸다.

아메리카동애등에에 대한 사실이 더 많이 알려지면서 20세기까지 이 곤충의 장점은 점점 더 많이 밝혀졌다. 예컨대 집파리와 달리 아메리카동애등에는 성체가 되면 먹이를 뜯어 먹는 입 부분이 크게 작아져서 집파리(*Musca domestica* Linnaeus, 1758)처럼 소화효소와 함께 먹은 것을 역류시키지 않아 질병을 전파하지 않는다. 또한 먹이를 섭취하는 능력이 제한적이어서 에너지 소모가 적기 때문에 집파리처럼 많이 날아다니지도 않는다. 이 곤충은 일단 집에 들어가면 붙잡혀도 피하지 않기 때문에 잡아서 옮기기가 매우 쉽다. 게다가 위생적이며 누군가를 물지도, 쏘지도 않는다. 유일한 방어 수단은 그저 숨는 것뿐이다. 게다가 보너스로, 이 곤충의 유충이 거름에 살기 시작하면 집파리의 개체수를 90퍼센트 이상 줄일 수 있다.

기계처럼 우적우적 먹이를 씹으며 분뇨를 단백질로 전환하는 이 조그만 곤충의 능력을 과학자들이 중요하게 여기기 시작한 것은 1970년대부터였다. 이 곤충은 일단 알에서 깨면 다른 성가신 곤충들보다 빠르게 몸집이 커진다. 유충은 알에서 깬 직후보다 1만 5,000배나 몸집이 불어나다가 뒤이어 번데기가 되는데, 인간에 비유하면 아기가 흰긴수염고래 크기로 자라는 것과 같다. 유충은 격렬하게 활동해 단백질을 생산하는 것 말고도 귀중한 자원인 배설물을 만들어낸다. '프라스(frass)'라고도 부르는 이 배설물은 냄새가 없는 작고 둥근 알갱이 상태로, 직접 또는 지렁이의 도움을 받아 유기비료로 활용할 수 있다. 아메리카동애등에가 활동하기 시작하면 거름이 점차 액체에 가까워져 집파리 유충이 살아가기에 적합하지 않게 된다.

미국 텍사스A&M대학교의 제프 톰벌린(Jeff Tomberlin) 교수는 법곤충학을 중점적으로 연구하는 곤충학자로, 그의 연구실은 '곤충학 연구를 위한 법의학 연구소(Forensic Laboratory for Investigative Entomological Sciences)'의 앞 글자를 따서 FLIES('파리들')로 불린다. 톰벌린은 분해 생태학에도 관심이 많아 아메리카동애등에에 대해서도 잘 알고 있다. 그는 수십 년 전부터 아메리카동애등에의 유충이 가진 잠재력에 대해 알고 있었으며, 최고의 재활용 전문가라 불릴 만한 이 곤충에 대해 여전히 열정을 갖고 있다. 톰벌린이 이 곤충에 매료된 것은 그의 지도 교수이자, 그의 묘사에 따르면 이 분야의 조상님이라 할 법한 크레이그 셰퍼드(Craig Sheppard) 박사와 함께 가금류 사육장에 가서 표본을 채취하면서부터였다. 그날 톰벌린은 희미하게 불이 켜진 지하실의 문을 열고 들어가 닭 배설물이 위에서 쏟아져 내리는 가운데 1미터짜리 채집통을 겨우 들여놓았다. 그가 셰퍼드 교수에게 "우리가 여기에 들어가 있어야 하나요?"라고 묻자 지도교수는 "아니, 우리가 아니라 자네 혼자 들어갈 걸세"라고 대답했다. 톰벌린은 애벌레가 가득 들끓는 어두침침한 공간을 따라 아래로 내려갔다. 하지만 그는 당시의 경험에 대해 거부감 대신 일종의 경외심을 느꼈다. 몇 분이 지나자 톰벌린은 애벌레들이 분뇨 더미를 쟁기로 갈듯이 헤치고 있다는 사실을 알아차렸다. 그가 보기에 참으로 아름다운 광경이었다.

극적인 통과 의례를 거친 후, 톰벌린은 이 곤충이 지닌 엄청난 잠재력에 주목했다. 특히 이 곤충은 오늘날 절실히 필요한 지속 가능한 폐기물 관리 시스템을 개발하는 데 활용 가치가 충분했다. 전 세계 식량 수요가 늘고 이 수요를 충족시키고자 농업 생산량이 증가하면서 이러한 시스템의 필요성이 대두됐다. 조지아주에서 실시한 현장 실험에서 아메리카동애등에가 돼지 분뇨를 소화시키자 질소가 71퍼센트, 인과 칼륨이 52

퍼센트, 알루미늄과 붕소, 카드뮴, 칼슘, 크롬, 구리, 철, 납, 마그네슘, 망간, 몰리브덴, 니켈, 나트륨, 유황, 아연은 38퍼센트에서 93퍼센트까지 줄어들었다. 이것은 아메리카동애등에 유충이 각종 분뇨가 환경을 오염시킬 가능성을 50~60퍼센트 이상 줄일 수 있음을 의미했다. 유충이 분뇨를 공기 중에 건조시킨 덕분에 분뇨가 분해하며 발생하는 악취 또한 감소하거나 제거되었다. 그리고 유충의 단백질과 지질 함량이 높은 만큼 유충 자체도 동물 사료 또는 바이오디젤 연료를 생산하는 데 유용한 첨가제가 될 수 있었다.

하지만 21세기 초까지만 해도 쓰레기를 분해하고 사료를 생산하는 도구로 아메리카동애등에를 활용하는 연구는 소규모로만 이루어졌다. 상업적 규모로 이 곤충을 사육하는 경우는 없었다. 결정적으로 이 곤충을 포획한 다음 안정적으로 교미해서 알을 낳게 하는 방법도 알려져 있지 않았다. 그러다가 상황이 바뀐 것은 2002년 톰벌린과 그의 동료들이 이 문제를 해결하면서부터다. 이들은 이 곤충의 번식을 촉진하려면 온도와 습도를 정확히 맞추고 특히 조명이 적당해야 한다는 사실을 발견했다. 그에 따라 대규모 배양을 통해 영양가 있는 유충을 필요한 만큼 생산하는 건 이제 시간문제였다. 톰벌린의 설명에 따르면 이 곤충은 먹이에 따라 성장 속도가 크게 달라지기 때문에 먹이를 어떻게 조합하는지가 중요했다. 예컨대 곡물

궁극적인 재활용

찌꺼기로 키운 유충은 사과만 먹인 유충보다 2배 더 빠르게 자랐고, 사과와 곡물을 섞어서 키운 유충은 곡물만 주었을 때보다 바이오매스, 즉 질량이 2배가 되었다. 더 나아가 연구팀은 식단을 조작해 서로 다른 영양 성분을 가진 유충을 얻기도 했다. 예를 들어 사과만 먹인 유충은 체중의 60퍼센트가 지방으로 이루어지지만, 바나나를 먹이면 지방의 자리를 단백질이 차지하게 된다!

현재 아메리카동애등에를 영양분의 공급원으로 키워내는 일은 대규모 사업으로 진화하고 있다. 동시에 과학자들은 유충이 매립지의 음식물 쓰레기를 분해하는 놀라운 능력도 활용하려고 한다. 2018년 발표된 하원 보고서에 따르면 영국에서 발생하는 음식물 쓰레기의 양은 한 해에 950만 톤으로, 내가 즐겨 사용하는 규모 비교 도구인 흰긴수염고래에 빗대자면 이 수치는 성체 고래 약 4만 4,000마리의 무게에 해당한다. 참고로 고래 한 마리는 최대 219톤까지 나간다. 그렇기에 구더기는 이러한 엄청난 수의 '고래'가 매립지에 버려지는 것을 방지할 뿐만 아니라, 그것을 환경친화적이고 지속 가능한 단백질과 지방으로 전환해 동물 사료에 쓰이도록 하기에 충분하다.

엔토사이클의 실험실에는 온도와 습도를 정확하게 맞춘 사육 용기가 갖춰져 있으며, 휘태커와 동료들은 기존의 다양하고 임시방편적이던 유충의 식단을 유충의 사육을 최적화

유충이 소화시킨 오렌지(위쪽)와 그것이 과립화된 모습(오른쪽 페이지). 아메리카동애등에의 뱃속에서 나온 이 유용한 노폐물은 비료로 쓰인다.

하기 위해 고도로 통제된 식단으로 전환했다. 휘태커에 따르면 이 실험실은 알에서 성체, 그리고 다시 알이 되는 생명체의

궁극적인 재활용

전체 생활사를 관리하고 있다. 각 용기 안에서는 똑같은 나이의 곤충이 식단을 정확히 지킨 먹이를 먹고 있다. 그야말로 정밀한 과학이다! 또 유충을 대규모로 생산하고자 하는 사람들이 자신의 농장을 개량할 수 있도록 머신 비전(이미지를 기반으로 한 자동화 검사와 분석 기술-옮긴이)을 적용한 하드웨어와 소프트웨어 패키지도 개발했다. 그 밖에도 이곳에서는 여러 시험이 이루어지고 있는데, 유충을 다양한 인구밀도로 함께 서식하게 하거나 폐기물의 종류와 깊이, 습도, 심지어 사육 용기의 크기를 다양하게 바꿔가면서 면밀하게 연구가 진행 중이다. 모두 대규모 음식물 찌꺼기를 식용 단백질로 문제없이 전환하기 위해서다. 무엇보다 이 과정은 놀랍도록 빠르다. 5일 만에 유충에서 배설물인 프라스를 분리하고, 또 이를 즉각 사용할 수 있다(연구자들이 토마토를 직접 키우며 이 프라스를 사용해보았는데 식물이 잘 자랐다!). 적절한 조건만 주어지면 이러한 먹성 좋은 단백질 생산자가 성장하는 속도를 실감할 수 있다. 9일째가 되면 유충은 약 1센티미터 크기로 성장하며 풍선처럼 부풀기 시작한다. 그러다가 부화 후 2주 이내에 단백질 제품으로 가공된다.

이 회사의 목표는 영국 최초의 산업 곤충 생산 시설인 엔토팜('곤충 농장')을 구축하는 것이다. 이 시설은 2.2톤의 지속 가능한 곤충 단백질을 배출하는 반자동 생산지이자, 가축과 애완동물 사료 가격이 점차 높아지는 데 대비해 실용적인 대체 단백질 공급원이 될 것이다. 최근에는 곤충을 재료로 한 친환경적이고 영양학적으로도 균형을 이룬 개와 고양이 사료를 생산하는 회사도 생겼다. 러브버그 펫푸드('벌레 사랑 애완동물 사료')라든지 버그베이크('곤충 굽기') 같은 멋진 이름이 붙은 회사들이 그렇다.

곤충 유충을 단백질원으로 사용하면 오늘날 지속 불가능한 어류 남획 역시 줄일 수 있다. 전 세계 자연산 어획량의 약 20퍼센트가 양식용 어분(魚粉, 말린 생선의 가루―옮긴이)과 어유(魚油)로 가공되어 양식 어류에 다시 공급되고 있다. 지난 15년 동안 어류 양식업계의 생산량은 2배 이상 증가했는데, 이것만 봐도 양식 어류에 지속 가능한 방식으로 먹이를 공급해야 할 필요성이 절실하다. 세나 데 실바(Sena de Silva)와 지오바니 투르치니(Giovanni Turchini)가 2008년에 발표한 논문에 따르면 "총 3,900만 톤의 자연산 어획량 중 13.5퍼센트가 인간의 식량 이외의 용도로 사용되었다." 이 양을 흰긴수염고래로 치면 약 1만 3,000마리에 해당한다!

곤충 사육자들은 미래에 동물 사료뿐만 아니라 사람이 먹을 식품에도 곤충이 들어간 단백질을 생산하는 것을 꿈꾼다. 어쩌면 몇 년 안에 여러분은 주방에서 직접 단백질을 생산할 수 있을지도 모른다. 실제로 오스트리아의 디자이너 카타리나 웅거(Katharina Unger)가 '팜 432'라는 시제품을 만들었다. 주방 조리대 위에 설치하는 여러 개의 방이 달린 이 기계는 남은 음식물로 식용 파리 유충을 길러낼 수 있다. 웅거는 오스트리아 빈과 홍콩에 본사를 둔 리빈팜스(LIVIN farms)의 설립자이자 CEO다. 그녀는 빈 응용예술대학교에서 산업디자인을 공부

작은 정복자들

집에서 직접 단백질을 만드는 장비인 팜 432.

하면서 이 가정용 재활용 시설을 개발하기로 마음먹었다. 아직 개발이 진행 중이긴 하지만 시제품은 유망한 결과를 보여주었다. 1그램의 아메리카동애등에 유충으로 약 2.4그램의 유충 단백질을 생산할 수 있는데, 이는 꽤 놀라운 생산량이다. 게다가 이 유충은 물이 필요하지 않아서 건조한 지역에서도 기르기 좋고, 환경을 오염시키는 메탄을 배출하지도 않는다(UN에 따르

궁극적인 재활용

면 인간이 유발하는 메탄 배출량의 32퍼센트가 가축에서 발생하며, 이 수치는 2050년에 70퍼센트까지 증가할 것으로 예상된다).

웅거의 농장을 방문해보면 단백질을 수확하는 과정이 무척 간단하다. 유충은 약 일주일 동안 음식 찌꺼기를 먹으며 살이 찌고 육즙이 풍부해져 번데기가 될 준비를 마친다. 이후 유충은 경사로를 기어 올라가 수확 용기로 떨어진다. 이 상태에서 대부분은 식용으로 골라낼 수 있으며, 일부는 번데기를 성체로 키워 더 많은 자손을 생산하도록 한다. 기본적으로 유충은 저절로 수확된다. 그리고 웅거에 따르면 유충의 맛이 독특한데 "유충을 요리하면 약간 감자 냄새가 난다. 겉은 조금 단단하지만 속은 연한 고기처럼 부드럽다. 견과류와 고기를 섞은 맛이다."

하지만 아메리카동애등에를 사람이 섭취하도록 상업적으로 생산하려면 몇 가지 장애물을 더 넘어야 한다. 유엔식량농업기구(FAO)가 2022년 12월에 발표한 보고서에 따르면, 지난 수십 년 동안 식품과 먹이사슬에 대한 규제 틀이 크게 확장되기는 했지만 여전히 법률이나 지침 면에서 부족한 측면이 많다. 게다가 오늘날 20억 명이 넘는 인구가 1,900종 이상의 곤충을 섭취하고는 있지만, 여전히 공포증 수준으로 새로운 식품을 꺼리는 사람들도 많다. 특히 서구에서는 식용 유충을 통째로 먹는다고 할 때 이런 새로운 식품을 거부하는 사람이 꽤 많을 것이다.

그렇다면 사람들이 모험적인 식습관에 도전하도록 어떻게 장려할 수 있을까? 미국 콜로라도대학교의 케이틀린 화이트(Kaitlyn White)와 동료들은 새로운 음식을 꺼리는 공포증, 혐오에 대한 민감도(어떤 사람은 다른 사람보다 혐오를 쉽게 느낀다), 현재 배고픈 정도, 이렇게 세 가지 영역에서 개인차에 따라 곤충을 기꺼이 먹으려는 의지가 어떻게 달라지는지 살폈다. 먼저 연구에 참가한 학생들은 이 세 가지 변수에 각각 온라인으로 자신의 생각을 평가했다. 그런 다음 구운 귀뚜라미와 튀긴 벌레, 곤충을 재료로 한 단백질 바를 먹고자 하는 자신의 의지가 어느 정도인지를 표시했다. 그 결과 새로운 음식에 대한 공포증과 혐오의 민감도가 높고 배고픔 척도가 낮은 참가자들은 이 식품을 먹으려는 의지가 떨어진다는 사실을 발견했다.

하지만 이 조사가 실제로도 곤충을 먹을 가능성이 낮다는 사실로 이어질까? 이에 대해 새로운 참가자들을 실험에 참여시켰다. 먼저 이들에게 앞에서와 같은 평가 척도를 표시하게 하고, 구운 귀뚜라미를 먹어도 안전할 뿐만 아니라 몇몇 사람들은 곧장 입에 가져갔다는 말을 해주었다. 그리고 참가자들 앞에 구운 귀뚜라미를 가져다주었다. 연구자들은 참가자들 가운데 누가 곤충을 먹는지 누가 먹지 않는지를 기록했고, 분석 결과 새로운 음식에 대한 공포증만이(혐오에 대한 민감도나 배고품이 아닌) 실제 섭취와 관련이 있는 것으로 드러났다.

사실 새로운 음식에 대한 공포증 점수는 누가 귀뚜라미를 먹을지에 대한 꽤 좋은 예측 지표다. 두 연구의 데이터를 살펴보면 혐오 민감도에서 낮은 점수를 받은 사람들은 곤충을 먹을 의향이 있다고 답하는 경향이 있지만, 실제로 곤충이 주어지면 먹지 않았다. 그리고 두 연구 모두 배고픔의 정도는 실제 섭취 여부와 관계가 없었다.

결과적으로 새로운 식품에 대한 공포증은 곤충을 음식으로 여기도록 장려하는 데 가장 큰 걸림돌이 될 수 있다. 실제로 사람들이 곤충을 먹어보는 긍정적인 경험을 제공하고, 곤충 단백질을 유효한 영양 공급원으로 여기도록 장려하는 홍보 전략이 필요하다. 애벌레를 통째로 먹기보다는 애벌레의 단백질을 식탁에 올리는 방법이 좀 더 현실적이다. 실제로 귀뚜라미를 분쇄한 가루는 시중에서도 구할 수 있으며 파스타나 빵, 비스킷을 비롯한 간식을 만드는 데에도 쓰인다. 무엇보다 곤충을 먹는 행위가 우리 건강뿐만 아니라 지구에도 바람직하다는 사실을 소비자들에게 널리 알려야 한다.

이제, 전 세계적으로 아메리카동애등에 농장이 우후죽순 생겨나면서 재활용에 뛰어난 이 종은 꿀벌과 누에와 함께 농업 역사상 가장 널리 키우는 곤충의 반열에 오를 준비를 마쳤다. 여러분도 마음의 준비를 하시길!

칠레의 아타카마사막은 극지방이 아닌 지역 가운데 가장 건조한 곳이다.

08
나미브사막의 안개 수확꾼

> 한 종류의 딱정벌레를 알면 전체를 알 수 있다고,
> 최소한 어느 정도 그럭저럭 알 수는 있다고
> 주장하는 건 가능한 일이다. 하지만 생물 종이라는
> 분자 구름 속의 분자는 다르다. 그것은 유기체들의 독특한 모임이며,
> 수천 년, 심지어 수백만 년 전 가장 가까운 친척 종에서
> 갈라져 나온 계통의 말단이다.
> -에드워드 윌슨(1985)

여러분도 지금쯤이면 곤충의 엄청난 수와 다양성에 익숙해졌을 것이다. 곤충은 우주 공간까지 침투할 만큼 어디에나 존재하며, 가장 깊은 동굴과 호수 바닥, 극한 환경인 남극 대륙에 이르기까지 다양한 환경 속에서도 자원을 활용해 살아간다. 몇몇 곤충은 연간 강우량이 250밀리미터 미만으로 정의되는 지구상에서 가장 건조한 지역에서도 서식할 수 있다. 연평균 강우량이 615밀리미터인 런던과는 상당히 다른 곳이다.

그런데 이런 런던도 평균 강우량이 2,612.18밀리미터에 달하는, 영국에서 가장 습한 지역인 웨일스 스노도니아 중심부의 작은 마을 카펠 큐리그에 비하면 아무것도 아니다. 그리

고 이곳은 인도의 한 마을인 마우신람과 비교하면 또 아무것도 아니다. 《기네스북》에 따르면 마우신람은 연간 강수량이 1만 1,872밀리미터나 된다.

이제 정반대로 가장 건조한 지역을 살펴보자. 먼저 극지방이 떠오른다. 조금 기이하게 들리겠지만 남극은 거의 얼음으로 이루어져 있음에도 이곳에는 거의 200만 년 동안 비가 내리지 않은 '드라이밸리'라는 지형이 있다. 극지방이 아닌 지역 가운데 가장 건조한 곳은 칠레의 아타카마사막이다. 사막 안에 자리 잡은 아리카 마을은 연간 강수량이 0.761밀리미터에 불과하고, 다른 지역들은 거의 500년 동안 비가 내리지 않은 것으로 보고되었다. 이곳에 마지막으로 비가 내렸을 때 영국 왕은 헨리 8세였다.

남아메리카의 칠레와 더불어 아프리카의 리비아, 이집트, 수단, 알제리 또한 매우 건조한 지역이다. 이 대륙을 따라 남서쪽으로 내려가면 나미비아에 도착한다. 이 나라에서 서핑과 조류 서식지로 유명한 펠리컨 포인트는 연간 강수량이 13.2밀리미터로, 전 세계 열대지방 가운데 가장 건조한 지역으로 꼽힌다. 그리고 여러분도 짐작했겠지만 이렇게 건조한 곳에서도 곤충은 서식한다. 최근 인류가 유발한 기후변화로 건조한 지역들이 많아지고 있는데 우리는 이러한 극한 환경에서 생물들이 어떻게 살아가는지, 더욱이 건조한 기후였다가 난데없이 등장한

물 위에서 살아가야 할 생물들은 어떻게 생존을 이어가는지 연구할 필요가 있다.

딱정벌레들은 건조한 곳에서 환상적으로 적응해 살아남는다. 딱정벌레목은 동물계에서도 꽤 종 수가 많아서 36만 종이 넘고 이 숫자는 계속 늘어나는 중이다. 사람들은 딱정벌레를 좋아한다. 다윈도 어릴 때부터 딱정벌레에 매료되었다. 다윈의 자서전을 보면 그는 채집함 없이 채집을 나갔다가 딱정벌레를 발견하고는 일단 잡고 나서 입에 물었다가 입속에서 터뜨리는 불상사를 일으킨 적이 있다. "어느 날 나는 오래된 나무껍질을 벗겨내다가 희귀한 딱정벌레 두 마리를 발견하고 하나씩 양손에 쥐었다. 그러다 세 번째, 그것도 새로운 종류를 발견하고는 참지 못하고 오른손에 쥔 딱정벌레를 입에 물었다가 터뜨리고 말았다. 이런! 지독하게 시큼한 액이 입속에서 분출되면서 혀가 타들어가는 듯해 뱉을 수밖에 없었고, 그러면서 세 번째 딱정벌레도 잃고 말았다."

딱정벌레를 좋아한 건 다윈뿐만이 아니다. 자연선택에 의한 진화를 공동으로 발견한 앨프리드 러셀 월리스 또한 헨리 월터 베이츠(Henry Walter Bates, 1825~1892)와 함께 아마존을 쿵쿵 돌아다니며 딱정벌레를 찾아다녔다. 오늘날 그렇게 유명하지는 않지만 프랜시스 폴킹혼 파스코(Francis Polkinghorne Pascoe, 1813~1893)도 남아메리카와 유럽, 아프리카를 돌아다

찰스 다윈의 딱정벌레 채집 상자.

니며 채집하는 곤충학자들 사이에서는 거물급으로 손꼽힌다. 그리고 탐험가 데이비드 리빙스턴 역시 몰래 이들을 좋아하고 있었다.

리빙스턴은 스코틀랜드 블랜타이어에서 태어났고 그로부터 60년 후 잠비아 카젬베 왕국의 치프 치탐보 마을에서 사망했다. 리빙스턴은 꽤 전설적인 인물이어서 그가 몇 년간 실종되었다고 여겨졌을 때 웨일스계 미국인 탐험가 헨리 모턴 스탠리(Henry Morton Stanley)가 그를 발견한 뒤 "리빙스턴 박사님, 맞나요?"라고 건넨 말은 영국인 대부분이 알 정도로 유명하다. 비록 뜨거운 논란을 일으킨 악명 높은 대사였지만 말이다. 시골 출신의 소년이던 리빙스턴은 유명한 선교사이자 탐험가, 과학자, 인권 운동가로 성장했다. 그는 1850년대 선교 탐험 여행을 통해 유럽 최초로 남아프리카를 횡단한 이후 영국에서 국민 영웅에 등극했다. 그는 고향으로 돌아온 뒤에 아프리카 대륙에 대한 지식을 크게 향상시켰고 서양인 최초로 아프리카 빅토리아폭포에 대한 묘사를 남겼으며, 영국인들이 그동안 본 적 없는 가장 혹독한 환경에서 서식하는 종들을 예시로 가져왔다.

리빙스턴의 딱정벌레 채집 상자 중 하나는 150년이 지난 최근에야 런던 자연사 박물관에서 재발견되었다. 그 안에는 잠베지강 유역을 상업적으로 개방하기 위해 1858년에서 1864년 사이에 영국 정부의 지원을 받아 떠난 탐험대가 가져온 표본도

나미브사막의 안개 수확꾼

리빙스턴이 채집한 딱정벌레 표본.

포함되었다. 그렇다고 박물관이 이 표본을 관리하는 데 태만했던 건 아니다. 사실 이 표본은 개인 수집가 에드워드 영 웨스턴(Edward Young Western)이 탐험 중 다른 사람에게 구입한 뒤 박물관에 기증한 것이다. 기록이 디지털로 이전되기 전에는 이 표본에 대해서 아카이브에 한 줄만 달랑 적혀 있었다. 그 이상의 세부 사항이 밝혀진 것은 최근 대규모 디지털화 프로그램을 통해서다.

런던 자연사 박물관의 수석 큐레이터인 맥스 바클레이(Max Barclay)는 딱정벌레를 비롯한 곤충 컬렉션을 큐레이션하

황금얼룩하늘소(*Tragocephala variegata* Bertoloni, 1849).

고 연구하는 팀의 담당자이며 딱정벌레 표본의 디지털화 프로젝트도 감독하고 있다. 바클레이는 원래도 딱정벌레를 보면 신나서 어쩔 줄 모르는데, 박물관에서 발견한 리빙스턴의 표본 상자는 이런 그에게 너무나 흥미로웠다! 18마리의 개체는 12개의 종에 속해 있었다. 그 가운데 몸집이 큰 포식성 딱정벌레인 *Termophilum alternatum* (Bates, 1878)을 비롯해 하늘소과에 속하는 여러 종, 예컨대 날지 못하며 껍질이 뾰족뾰족한 하늘소 *Phantasis avernica* Thomson, 1865와 거저리과의 한 종이 포함되었는데, 여기에 대해서는 뒤에서 더 살필 예정이다.

리빙스턴은 딱정벌레가 가장 열악한 환경에서도 발견될 수 있다고 말한 적이 있다. 딱정벌레를 비롯한 곤충에게 매우 가혹한 환경이라면 나미브사막을 꼽을 수 있다. 앙골라에서 나미비아를 거쳐 케이프타운까지 아프리카 남서부 해안을 따라 뻗어 있는 이 사막은 폭이 기껏해야 100여 킬로미터 정도다. 대서양에서 날아오는 모래로 이루어진 사막을 넓은 자갈밭이 가로지르며 세 구역으로 나눈다. 지구상에서 가장 오래된 사막으로 알려진 이곳에서는 거센 강풍이 최대 250미터 높이까지 모래 언덕을 조각하듯 만들어놓는다. 여름철 기온은 섭씨 45도에 달하지만 밤에는 영하까지 내려가기도 한다. 이 사막에서 가장 극단적인 측면을 꼽으라면 연간 강수량이 15밀리미터에 지나지 않는다는 것, 그나마 때로는 아예 내리지 않는 해도 있다는 사실이다.

남아프리카공화국 요하네스버그에 있는 위트워터스랜드 대학교의 명예 교수인 던컨 미첼(Duncan Mitchell)은 수십 년 동안 나미브사막의 동물상에 관해 연구했다. 미첼의 전문 분야는 생리학이며 2020년에는 〈나미브사막의 안개와 동물상: 과거와 현재〉라는 논문을 공동으로 저술하기도 했다. 평범한 관찰자의 눈에는 사막에 생명체가 존재하지 않는 것처럼 보일 수도 있는데, 대부분의 동물이 지표면의 열기와 바람을 피해 모래 속으로 200밀리미터까지 파고 들어가 그 안에서 살기 때문이다. 사실 이곳 동물들은 정말로 필요할 때만 지표면으로 올라온다. 하지만 겉보기에는 척박해 보이는 이곳 사막에서도 자정 무렵 모래 언덕에서 불규칙하게 나타나는 내륙 안개가 부족한 강우량을 보충한다. 나미비아 북서쪽에서 볼 수 있는 이 특별한 장관은 대서양의 차가운 벵겔라 해류 위를 떠다니는 높은 권운에서 비롯한다. 구름은 높은 상공에서 습한 안개가 되고, 약 500미터 높이의 육지와 만나면 내륙으로 최대 60킬로미터까지 침투할 수 있는 안개 방울을 퇴적시킨다. 아타카마, 바하 칼리포르니아, 오만, 예멘에도 안개가 끼는 해안 근처에 사막이 있다. 다른 해안 사막에서는 서늘한 해양성 기후나 커다란 모래 언덕, 해안에서 완만하게 경사져 올라간 땅이 있어 이렇게 독특한 패턴으로 안개가 발생하도록 촉진한다. 이런 안개는 많은 생물이 살아가는 데 도움이 된다.

    1959년 남아프리카의 곤충학자이자 거미를 연구하기도 했던 레지널드 프레데릭 로런스(Reginald Frederick Lawrence, 1897~1987) 박사는 저서인《나미브사막 모래 언덕의 동물상》에서 이 현상에 대해 이렇게 썼다. "이곳에서는 해가 지면 차가운 안개가 바다에서 몰려와 모래 위에 습도가 높은 얇은 공기층을 쌓는다. 그러면 이 끝도 없이 펼쳐진 모래밭에서 새로운 생명체들이 밤을 보내며 먹이를 먹고 서로를 잡아먹는다."

로런스는 연구를 위해 널리 여행을 다녔다. 그의 첫 채집 여행은 1923년 모잠비크였는데, 유일한 동반자인 당나귀를 타고 야생의 해안선을 돌아보는 일정이었다. 이후 로런스는 남아프리카공화국 피터마리츠버그에 자리한 나탈 박물관 관장으로 재직하면서 남아프리카 숲의 신비로운 동물상에 관심을 가졌고, 나미브사막 같은 서식지에서 그동안 알려지지 않은 동물 종을 채집했다. 로런스는 나미브사막에 서식하는 생물을 탐구하기 위한 상설 연구소를 설립하자고 처음으로 주장한 사람이기도 했다. 그는 이렇게 열변을 토했다. "이 사막은 벌거벗은 것처럼 보이지만 이곳에서 인간은 중요하지도 않고 실제로 불필요한 침입자에 불과하다. 인간은 여기서 전혀 눈에 띄지도 않고 대수롭지 않은 풍경의 일부일 뿐이다." 이것은 사실이었다. 로런스는 곤충, 거미류, 파충류를 비롯해 과학계에 알려지지 않은 40여 종이 최근에야 발견된 만큼 사막이 텅 빈 것처럼 보여도 그렇지 않다고 말했다. 그리고 "이 사막에 사는 생명에 대한 영화를 찍으면 아름다움과 과학적인 흥미 면에서 1953년 월트 디즈니의 다큐멘터리 〈살아 있는 사막〉을 훨씬 능가할 것"이라고 단호하게 주장하며 논문을 마무리했다.

나미브사막에 안개가 언제 끼는지는 변동성이 크고 예측 또한 불가능하다. 대략 한 달에 한 번 정도 발생하는데, 이곳 동

작은 정복자들

나미브사막의 모래 언덕(모델이 멋진 포즈를 취하고 있다).

물들은 안개가 오기 직전이나 직후에 바로 나타난다고 알려져 있다. 안개가 끼는 시점을 정확히 예측하는 방법은 확실하지 않지만, 미첼 교수는 안개가 발생하기 직전 바람이 방향을 바꾸기 때문에 동물들이 모래 속에 숨어 있다가 바람 소리를 듣고 나올 것이라는 가설을 세웠다. 하지만 안개가 동물들에게 어떤 도움이 될까? 1976년 나미브사막을 연구하던 생태학자 메리 K. 실리(Mary K. Seely) 박사는 이곳 안개와 동물상 사이의 밀접한 관계를 밝히는 논문을 발표해 여러 과학 학술지의 커버를 장식한 바 있다.

나미브사막의 안개 수확꾼

1939년 미국에서 태어난 실리는 1967년 당시 사막 생태 연구소(고바베브 나미브 연구소) 소장이던 찰스 코흐(Charles Koch)의 박사후 연구원 제자로 나미비아에 도착했다. 로런스가 오랫동안 연구소를 설립하자는 캠페인을 벌인 결과 1962년에 세워진 이 연구소에서 실리는 근무한 지 불과 3년 만에 소장으로 취임했다. 이것은 지독한 성차별이 만연하던 시기에 커다란 성과였다. 오늘날 이곳은 전 세계적으로 우수한 연구 중심지로 인정받는다. 소장 자리에 오른 지 6년 뒤 실리는 윌리엄 해밀턴 3세와 함께 두 편의 논문을 공동 저술했으며, 그중 하나는 학술지 〈사이언스〉와 〈네이처〉에 게재되었다. 안개 속에서 물을 수확하고 모으는 딱정벌레의 뛰어난 솜씨를 처음으로 밝힌 논문이었다. 거저리과 곤충들의 세계에 온 걸 환영하는 이 논문에는 '톡토키'라고 불리는 종들도 포함되었다. 톡토키는 분류학적인 명칭이 아니라 짝짓기 상대와 소통하기 위해 복부를 두드리기 때문에 붙은 이름이다. 톡토키 안에는 200종 넘는 곤충이 있고, 그중 20종 정도는 극한의 사막 환경과 가끔씩 발생하는 한밤중의 안개에 적응 능력이 뛰어나다.

실리와 연구팀은 이 곤충 가운데 일부가 안개에 직접 뛰어들어 흠뻑 젖은 채 뒹구는 모습을 최초로 관찰했다. 실리에 따르면 이 곤충은 보통 자정이 되기 몇 시간 전인 아직 안개가 밀려들지 않은 시점부터 모래 언덕에 모습을 드러냈다. 그런

작은 정복자들

나미비아 토착 곤충인 거저리과 톡토키의 한 종(*Onymacris marginipennis*).

다음 추위 때문인지 엉성한 자세로 모래 언덕 꼭대기(안개가 가장 잘 쌓이는 곳)까지 경사면을 기어 올라가 딱지날개를 들고 머리를 수그린 채 안개를 날려 보내는 바람을 마주했다. 그리고는 이 자세로 서너 시간을 기다렸다. 바람이 너무 강하지 않고 안개가 짙게 깔리는 동안 이 곤충은 작은 물방울이 등껍질에 맺혀서 입 쪽으로 흘러내리게 했다. 이것은 무척 특별한 발견이었다. 이 강박적인 안개 수확꾼들의 멋진 솜씨를 손전등으로 비춰 관찰한다고 상상해보라. 연구자들이 66일에 걸쳐 관찰한 결과는 다음과 같다.

적당히 안개가 끼는 날이면 이 곤충은 온통 마음을 빼앗기는 것처럼 보인다. 그런 날에는 공중에 떠다니는 물방울을 수확하는 것만이 유일무이한 목표다. 지상에 식물성 찌꺼기를 비롯해 먹잇감이 풍부해도 다른 먹이는 전혀 먹지 않고 근처의 인간 관찰자에게도 반응하지 않았다. 안개에 몸을 담그고 있는 동안에는 몸이 차갑고 둔감해지는데, 만약 이런 때 포식자가 많은 상황이라면 이 곤충은 야행성 포식자에게 잡아먹히고도 남았을 것이다. 따라서 이처럼 안개를 수확하는 행동이 진화하고 실제로 수확꾼 곤충들이 야간에 활발하게 행동한다는 것은 이 시간에 포식자들에게 먹힐 위험이 낮기 때문일 가능성이 높다.

로런스는 1959년 나미브사막에 대한 저서에서 모래 위에서 살아가는 이 곤충의 신체적 적응력에 관해 글을 썼다. 이때 로런스가 언급한 종 가운데 몇몇은 다리가 짧아 납작한 자세로 모래 속으로 미끄러져 들어가지만, 몇몇은 사막의 뜨거운 모래 표면을 빠르게 달리도록 몸통이 둥글고 다리도 길다고 설명했다. 실제로 바클레이조차 "재미있게 생긴 곤충"이라고 묘사할 만큼 이 곤충들은 생김새가 특이하다. 해밀턴과 실리는 〈네이처〉에 실린 논문에서 거저리과에 속하는 또 다른 속인 *Lepidochora* Gebien, 1938에 대해 묘사했다. 이 속의 구성원들은 모래에 높게 솟은 이랑을 만들어 물을 모은다. 마실 물을 확보하기 위해 주변 풍경을 변화시키는 것이다! 또 앞서 언급한 물구나

무릎 서려는 듯 머리를 수그리는 종은 *Onymacris unguicularis* (Haag, 1875)로 뒷다리가 상당히 긴데, 이들의 다리 길이는 딱정벌레보다 메뚜기에 가까울 정도다. 그야말로 공중의 안개를 수확하는 데 완전히 몸을 적응시킨 모습이다. 언뜻 별나고 우스꽝스러워 보일 수 있지만 이런 몸은 안개 속에서 몸을 앞으로 기울이는 데 적합하며, 특히 외골격에는 안개의 습기를 충분히 가둔 채 물방울을 흘러내리게 하는 홈이 마련되어 있다. 대부분의 거저리과 곤충들과 달리 이 종은 몸도 무척 재빠르다. 나도 직접 쫓아가보았지만 비참하게 실패하고 말았다.

미첼에 따르면 *Onymacris* Allard, 1885속 곤충들은 외골격에 홈이 있어 맑은 물방울을 입으로 흘려보낼 수 있을 뿐만 아니라 외골격이 특별한 화학적 구성을 갖고 있어서 결과적으로 안개를 효율적으로 수확할 수 있다. 이 곤충의 등 표면은 소수성이기 때문에 물을 밀어내 등을 타고 흘러내리게 한다. 비록 이 곤충이 물을 마시는 모습은 관찰된 바 없지만, 물과 곤충 체액의 화학적 특징을 분석하고 특수 제작한 안개 통에서 죽은 표본을 사용해 실험한 결과 이 곤충의 입으로 물이 흘러든다는 사실이 밝혀졌다.

실리와 연구팀은 안개가 끼었다가 걷힌 전후로 이 작고 경이로운 곤충의 무게를 조사해 물을 얼마나 섭취했는지 확인했다. 조사 결과 안개가 끼면 이 곤충은 체중이 30퍼센트 늘었

나미브사막의 안개 수확꾼

몸을 앞으로 기울여 안개를 수확하는 거저리과의 종인 *Onymacris unguicularis*.

다. 30퍼센트라니! 이런 엄청난 양의 수분을 섭취하면 동전 크기만 한 작은 곤충이 사막에 다시 안개가 낄 때까지 살아가는 데 무척 효율적이다. 이것은 우리가 한 번에 물을 20리터(또는 와인 27병에 조금 못 미치는 양) 정도 마시는 것과 같다.

이렇게 빠르게 물을 섭취하면 체액의 저장과 조절에 문제를 일으킬 수 있지만, 이 곤충은 창의적인 방식으로 문제를 해결했다. 연구자들에 따르면 이 곤충은 엄청난 양의 물을 나머지 체액과 분리해서 저장한다. 안개에서 얻은 물은 미네랄 같은 전해질이 거의 없고 믿을 수 없을 만큼 순수하기 때문에 체액이 만성적으로 희석되지 않으려면 나머지 순환계로부터 멀리 떨어져 있어야 한다. 그리고 다음 안개가 낄 때까지 곤충의 몸이 점점 건조해지면 저장되었던 물이 서서히 안으로 들어온다. 또 다른 해결책은 안개에서 얻은 물을 몸 내부에서 분리한 다음 서서히 삼투질(세포나 조직이 삼투 환경에서 부피를 일정하게 유지하기 위해 사용하는 물질-옮긴이)을 섞어 다른 체액과 혼합시키는 것이다. 이런 저장 전략은 안개에서 수확한 물을 장에 보관하는 *Onymacris unguicularis*에서 확인되었다. 이 전략이 얼마나 유효한지는 나미브 지역 곤충의 개체군 밀도를 통해 입증되었다. 안개를 수확하는 곤충은 건조한 기간에도 개체수를 유지하지만, 이런 적응 행동이 존재하지 않는 곤충은 개체수를 유지하기가 어렵기 때문이다.

    이 연구에 따르면 다른 종에서도 이렇듯 물을 수확할 만한 신체 표면이 확인된다. 특히 *Stenocara* Solier, 1835속 곤충들은 등이 울퉁불퉁해서 생명공학자인 앤드루 파커(6장 참고) 박사의 호기심을 끌었다. 파커는 방위기술 기업 QinetiQ의 기기 서비스 부문에서 일하는 크리스 로런스(Chris Lawrence)와 함께 이 곤충에 대한 발견을 2001년 〈네이처〉에 실었다. 파커의 묘사에 따르면 *Stenocara*속 곤충의 등은 마치 여러 개의 봉우리와 계곡을 지닌 산맥과 같았다. 산맥의 튀어나온 꼭대기는 겉에 왁스 같은 성분이 없어서 매끄러우며, 안쪽에는 산맥의 계곡과 기슭이 있다. 매끄럽고 튀어나온 부분은 물을 끌어당기는 친수성(물을 좋아하는)이고 측면과 바닥은 소수성(물을 싫어하는)이다. 이 울퉁불퉁한 표면과 왁스 성분 때문에 안개에서 수확된 물방울이 곤충의 등에 부딪치면서 계곡에서 튕겨 나가 봉우리(물방울을 형성하는)로 밀려나며, 이렇게 점점 커지고 무거워진 물방울은 곤충의 입으로 굴러떨어진다. 이렇듯 친수성 표면과 소수성 표면의 조합 덕분에 물방울이 만들어진다.

그런데 이후에 발표된 논문에 따르면 이 모델 종은 사실 *Physasterna cribripes* (Haag-Rutenberg, 1875)였음이 드러났다. 하지만 역시 거저리과인 이 종은 등이 울퉁불퉁하다는 점에서 *Stenocara*속과 매우 비슷하기에 울퉁불퉁한 돌기에 관한 연구는 여전히 중요했다. 스웨덴 룬드대학교의 토마스 노르가르드(Thomas Norgaard)와 마리 다케(Marie Dacke)가 2010년에 발표한 이 논문은 매끄러운 등을 가진 *Onymacris unguicularis*를 비롯해 또 다른 안개 수확꾼인 *Onymacris bicolor*, 울퉁불퉁한 등을 가진 *Stenocara gracilipes* Solier, 1835와 *Physasterna cribripes*가 얼마나 효율적으로 물을 수확하는지 조사했다. 실제로 자연 환경에서 물을 모으는 종은 처음 두 종뿐이었지만, 이들 종이 가진 생물학적 특징은 우리에게 영감을 주기 충분했다.

그렇다면 우리는 이런 곤충에게서 얻은 영감을 어떻게 응용할 수 있을까? 스타워즈 시리즈의 팬이라면 사막 행성인 타투인에 있는 루크 스카이워커의 수분 농장을 기억할 것이다.

작은 정복자들

안개 수확꾼인 *Onymacris bicolor*.
이 곤충이 안개를 수확하도록 도움을 주는 등껍질의 중요한 특징은
색깔(독특하게도 흰색이다)이나 딱지날개의 생김새가 아니라
등껍질의 홈이다.

나미브사막의 안개 수확꾼

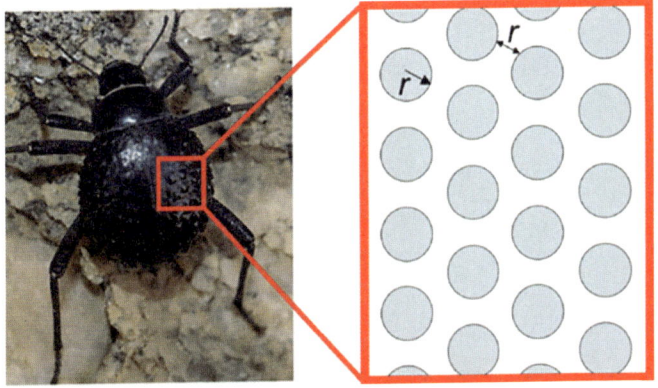

*Stenocara*속 곤충의 울퉁불퉁한 등 표면.

'바포레이터'라 불리는 이 거대한 흰색 타워는 공기 중의 수분을 포집하는 데 사용되었다. 하지만 이 장치를 실제로 작동시켜 전 세계적인 물 부족 현상을 해결하는 데 도움을 받을 수 있을까? *Stenocara*속 곤충의 기하학적 특성에 대해 알고 있었던 파커는 3D 프린터를 활용해 시트 형태로 된 안개 포집 장치를 설계하기 시작했다. 그는 이 곤충의 별나지만 유용한 형태적 특성을 재현하고자 친수성 표면에 소수성 잉크를 사용하는 방법을 고안했다. 크기를 곤충처럼 작게 한정할 필요도 없었다. 파커는 사막 가운데 가장 건조하지만 동시에 안개의 영향을 받는 아타카마사막에 이 시트를 걸어 물을 수확했다. 물은 시트를 따라 아래쪽 용기에 떨어졌다. 평균 50제곱미터 크기의 수

확 시트 한 장은 최적의 조건을 맞췄을 때 안개가 한 번 낄 때마다 1,000리터의 물을 모을 수 있었다.

이것은 꽤 인상적인 수치이지만 사실 시트가 커질수록 이러한 설계에서는 물을 수확하는 효율성이 점차 떨어진다. 안개방울이 수집통에 도달하기까지 더 멀리 이동해야 하는 데다 따뜻한 바람이 부는 조건에서는 물이 증발할 위험이 높아지기 때문이다. 미국 노스웨스턴대학교의 기계공학과 조교수인 규철 케네스 박(Kyoo-Chul Kenneth Park)은 산업적으로 응용할 만한 큰 규모에서 안개를 수확하는 한계를 극복하는 방법을 찾고 있다. 스타워즈 시리즈의 팬이라고 고백하는 박 교수의 책상에는 레고로 조립한 루크 스카이워커의 바포레이터가 놓여 있다. 아마도 미래의 기술을 더욱 발전시키는 데 영감을 준 원천이었을 것이다! 박 교수는 사막이나 열대우림에서 특정 동식물이 사용하는 영리한 전략을 바탕으로 해서 여러 생물에 영감을 받은 접근 방식을 채택했다. 미끄러운 비대칭 돌기가 있는 표면을 활용한 안개 수확 장치가 그런 예다. 나미브사막에 사는 곤충이 효율적으로 물을 얻는 방식뿐 아니라 선인장의 비대칭적 가시 구조라든가 독특하게 미끄러운 식충식물의 가장자리 표면을 참고로 한 장치다. 이러한 기능들을 조합하면 최소한의 시간에 특정한 방향으로, 빠르고 연속적으로 물을 운반할 수 있어 증발에 따른 수분 손실을 줄일 수 있다. 박 교수는 이러한 전략을 통해 보다 큰 규모로 광범위하게 수분을 수확하는 응용 장치를 개발하는 중이다.

그뿐만 아니라 박 교수는 스모그 포집이라는 새로운 분야에 자신의 연구를 적용하는 것이 목표다. 세계보건기구에 따르면 매년 420만 명이 대기오염으로 사망하고 있는 상황이기에 주요 도시에서 대기 중의 스모그를 포집하면 나날이 증가하는 보건과 환경문제를 해결하는 데 도움이 될 것이다. 스모그는 안개와 연기가 조합된 물질로, 현재 기술로는 공기 중에서 스모그를 추출하는 것이 안개에서 습기를 수확하는 것보다 훨씬 더 어렵다고 한다. 공기 중의 물이 스모그를 걸러내는 필터를 막기 때문이다. 하지만 박 교수는 안개를 응축하는 것과 같은 방식으로 스모그를 포집하는 게 가능하다고 주장한다. 또한 그동안 수많은 기술적 노력에도 성공하지 못했던 또 다른 커다란 과제에도 도전 중이다. 담수화 플랜트에서 바다로 방출하는 염분을 줄이는 과제가 그것이다. 그는 이 기술이 곧 과학소설 이상의 것으로 판명되기를 고대한다.

오늘날 곤충의 등껍질에서 영감을 받은 안개 포집 장치는 가뭄 피해 지역 가운데 지리와 기후가 적절히 조합된 곳에서 담수를 공급하는 주요 산업이 되고 있다. 하지만 지구온난화가 심해지면서 안개는 조금씩 사라지는 추세다. 그에 따라 나미브사막에 서식하는 동물 종의 상당수가 멸종 위기에 처해 있다. 이렇듯 기후 불확실성이 심화되는 가운데 장기적으로 사막에서 안개를 수확할 기회가 줄어들더라도 이곳 곤충들은 살아남기 위한 또 다른 요령을 가지고 있다. 바로 아랫배의 디자인에 그 해법이 있다. 이곳 곤충의 직장은 다른 대부분의 포유류나 곤충의 직장과 동일한 역할을 한다. 배설물을 몸 밖으로 방출하기 전 영양분과 수분을 흡수하는 것이다. 특히 딱정벌레류인 곤충들은 다른 종보다 이 기능이 더 뛰어나 바싹 마른 배설물을 내보낸다. 이렇게 할 수 있는 원리는 장기의 구조와 연관이 있다. 포유류와 달리 딱정벌레류는 직장에 말피기관(이 기관을 처음 스케치한 말피기의 이름이 붙었다)이라는 신장과 비슷한 기관이 직장에 밀착되어 있으며, 전체 구조는 막으로 둘러싸인 여러 개의 방으로 이루어져 있다. 이 구조 덕분에 말피기관 안은 염분 농도가 높아 곤충은 삼투를 통해 배설물에서 모든 수분을 뽑아낸 다음 이 수분을 다시 체내로 돌려 재활용한다. 그뿐만 아니라 습도가 높을 때도 직장을 열어 수분을 안으로 들여보내 역시 거의 완전히 흡수한다.

    과학자들은 100년 전부터 수분을 흡수하는 곤충의 이러한 독특한 방식을 알고 있었다. 하지만 최근에야 덴마크 코펜하겐대학교와 영국 에든버러대학교, 글래스고대학교의 무하마드 나셈(Muhammad Naseem) 박사와 연구진이 그 근본적인 메커니즘을 해명하는 데 한 걸음 다가섰다. 이들은 연구하

나미브사막의 안개 수확꾼

기 편리하고 다른 딱정벌레 종들과 생물학적으로도 많은 점이 유사해 모델 생물로 여겨지는 거짓쌀도둑거저리(*Tribolium castaneum* (Herbst, 1797))를 연구했다. 연구진은 이 곤충의 직장에서 다른 신체 부위보다 60배 더 높은 수준으로 발현되는 유전자 하나를 발견했다. 그리고 이 유전자를 통해 곤충의 말피기관과 순환계, 즉 혈액 사이를 연결하는 창문처럼 자리한 세포 집단을 찾았는데, 이 세포는 곤충이 직장을 통해 수분을 흡수하는 동안 중요한 역할을 하는 것으로 밝혀졌다. 곤충의 말피기관이 후장을 둘러싸면 이 세포는 신장으로 염분을 펌프질해 들여보내고, 그에 따라 직장으로 습한 공기 속 수분을 흡수해 체내로 보낸다고 한다.

오늘날 기후변화가 심해지면서 안개의 신비로운 힘을 활용하는 기회는 점점 사라질지도 모른다. 하지만 딱정벌레의 울퉁불퉁한 등 구조나 머리를 수그리는 *Onymacris*속 곤충의 등껍질 홈이 남긴 유산은 계속될 것이다. 과학자들은 실험실에서 안개가 끼지 않는 창문과 거울, 스스로 물을 채우는 물병처럼 물을 끌어당기는 표면과 밀어내는 표면을 조합한 다양한 응용 기술을 개발해왔다. 예컨대 한국의 산업디자이너이자 그래픽 디자이너인 박기태가 만든 흥미롭고 단순한 물병은 *Onymacris*속 곤충의 등에 난 홈처럼 만든 스테인리스 돔으로 이루어졌다. '듀 뱅크(이슬 은행)'라는 이름이 붙은 이 물병을 사용하려

작은 정복자들

스스로 물을 채우는 물병.
물병에 영감을 준 곤충이 옆에 있다.

면 저녁에 밖에 내놓아야 한다. 아침이 되어 주변 공기가 따뜻해지기 시작하면, 밤새 차가워진 병의 스테인리스 표면에 물방울이 응결된다. 그러면 이렇게 모인 이슬방울이 표면의 홈을 따라 밀폐된 원형의 저장 공간으로 흘러든다. 박기태 디자이너는 이 물병을 한 번 사용할 때마다 컵 하나를 가득 채울 만큼 충분한 수분이 모일 것으로 기대한다.

앤드루 파커 박사는 딱정벌레의 울퉁불퉁한 등 구조가 에

어컨에서 귀중한 물을 회수하는 데 도움이 된다고 강조한다. 예컨대 일본 도시에는 건물의 대형 에어컨 시스템이 중앙 타워로 이루어져 있어 배기가스처럼 수증기를 대기로 내보냄에 따라 도시 기온이 최대 2도까지 상승한다. 이는 모두에게 해로울 뿐만 아니라 물 낭비인 셈이다. 파커는 타워의 겉면에 '딱정벌레 돌기'를 코팅하면 수분을 회수할 수 있을뿐더러 열기가 주변 환경으로 방출되지 않도록 막아 도시의 기온을 낮추는 데 도움이 된다고 제안한다. 정말 훌륭한 생각이지 않은가!

꿀벌의 8자 춤.

09
꿀벌의 지능

우리는 춤춘다. 우리는 뽐내며 다닌다. 우리는 요리조리 난다.
우리가 이리저리 날아다니는 자세를 한번 들여다보라.
우리의 춤이 점점 둥글어지면,
꽃이 어디에 있는지 알려주려는 것이다.
우리가 춤으로 8자를 만들면, 꽃가루가 어디 있는지 가리킨다.
-더글러스 플로리언(2012)

꿀벌은 작지만 똑똑한 생명체로 여겨진다. 꿀벌이 엉덩이를 흔들며 복잡한 지리적 정보를 나눈다는 사실은 이미 많은 사람이 알고 있다. 하지만 꿀벌이 우리를 매료시키는 것은 단순히 의사소통 능력만이 아니다. 학습 능력이 뛰어나다는 점도 있다. 꿀벌에 대해 알아가다 보면 다른 곤충들은 물론이고 흥미롭게도 우리 인간이 세계를 탐색하는 방식에 대해서도 좀 더 많은 사실을 알게 될 것이다.

우리는 꿀벌에 대해 상반된 태도를 가지고 있다. 몇몇 사람들은 보송보송한 외모에 꽃가루를 옮겨주는 수분 매개자로서 꿀벌의 가치를 인정하지만, 어떤 사람들은 꿀벌에 대해 병적으로 두려움을 가지고 있다. 《들끓는 마음: 왜 인간은 곤충을 겁내거나 혐오하거나 사랑하는가》의 저자 제프 록우드(Jeff Lockwood)는 사람들이 갖는 이런 양극화된 관점과 그들이 곤충을 사랑하는 이유를 탐구했다. 이 책에서 록우드는 미국 델라웨어대학교에서 곤충학과 야생동물 생태학을 가르치는 명예 교수인 듀이 캐런(Dewey Caron) 박사와 꿀벌을 전반적으로 애호하는 사람들의 글을 소개한다. 캐런 박사는 대중에게 꿀벌에 대해 알리고 꿀벌을 비롯해 곤충들을 사랑하게 만드는 방법에 관해 이야기해왔다. 한번은 아프리카에서 꽤 많은 수의 벌에게 공격당한 어느 남성의 이야기를 한 적이 있다. "벌들이 말 그대로 그를 잔뜩 뒤덮는 바람에 이 불운한 남성은 얕은 강으로 뛰어들었죠. (…) 그리고 벌에 쏘인 독 때문에 몸이 아프기 시작했습니다. 남성은 토악질하며 물속으로 더 깊이 들어갔고 머리가 깨질 듯 아팠죠. 설사를 너무 심하게 해서 배설물이 샐 정도였습니다."

때로 과학자들은 몇몇 동물에 대해 편견을 줄이기보다 더 강화시키는 역할을 하기도 한다. 이런 경우 꿀벌에 대한 호의는 몇 마디 짧은 문장으로 끝나버린다. 물론 꿀벌이 인간에게 고통을 안기고 최악의 경우 죽음을 초래하기도 한다는 것은 사실이다. 미국 질병통제예방센터에 따르면 2000년부터 2017년까지 미국에서 말벌이나 벌에 쏘여 사망한 사람은 총 1,109명

(연평균 62명)에 달했다.

벌이나 말벌은 벌목(Hymenoptera, '막으로 이뤄진 날개'라는 뜻의 그리스어에서 유래했다)에 속한다. 이 집단에는 따끔거리는 침을 쏘거나 독을 품은 종들, 그리고 보다 온순한 종들로 가득하다. 따끔거리는 침을 가진 종은 침벌하목(Aculeata, 벌아목의 일부)에 속하는데, 이 무리는 현재까지 7만 종이 넘는 생물이 지구상에 살아갈 만큼 종 수도 많고 다양성이 풍부하다. Aculeata라는 이름은 이 곤충이 알을 낳는 산란관을 형태학적으로 변형하여 침을 쏜다는 의미를 담고 있다. 하지만 이 집단의 대부분이 그런 것은 아니다. 일부는 산란관의 주요 기능을 사용하고자 유지하기도 하고, 아예 산란관이 사라지기도 한다. 침이 변형된 산란관이라는 것은 암컷만 침을 쏜다는 뜻이다. 그리고 이들 곤충 대부분은 침을 쏘고 알을 낳는 행동을 반복하는 데 만족하며, 상당수는 혼자 살면서 일하고 새끼를 양육하는 독거성 생물이다.

벌의 침에 대한 인류의 지식은 수천 년 전으로 거슬러 올라간다. 벌침으로 아나필락시스 쇼크 반응을 일으켜 사망한 최초의 사례는 이집트의 파라오인 메네스라고 의학 문헌에 기록되어 있다. 하지만 유감스럽게도 이는 사실이 아닐 가능성이 높다. 첫째로 그런 왕은 없었을 확률이 높고, 둘째로 이 치명적인 공격에 대한 이집트 상형문자를 해석한 사람이 틀렸을 가능성이 크기 때문이다. 이 문헌을 해석한 사람은 로런스 와델(Laurence Waddell, 1854~1938) 중령이다. 스코틀랜드 출신인 그는 인도 군대에서 외과의사로 일했고, 티베트학과 화학 및 병리학을 가르치는 교수였는데, 경력만 보면 대단한 사람처럼 보인다. 하지만 그가 쓴 글의 대부분은 제국주의적인 사고방식에 의해 왜곡되었고, 이 상형문자의 경우에는 희망적 사고에 따른 편향이 섞여 있었다! 다른 이집트학자들은 말벌에 쏘였다고 해석하는 데 동의하지 않는다. 그럼에도 곤충과 그들의 지독한 행동에 관련된 여러 근거 없는 믿음이 그렇듯 이 이야기는 여전히 전해지고 있다.

우리가 검증할 수 있는 한 가지는 사람들이 전쟁에서 이 곤충의 따끔거리는 침을 사용해 실제로 공격을 방어하거나 적을 몰아냈다는 사실이다. 기원전 2600년경 마야인들은 벌로 가득 찬 부비트랩을 설치했으며, 육지와 바다에서 이런 덫을 비롯해 벌 대포를 사용한 사례가 전 세계에서 확인되었다. 실제로 배에 탄 사람들이 다른 배로 벌집을 던졌다는 기록이 있다! 록우드 역시 10만 년 전 조상들이 적에게 맞서 벌이나 말벌 둥지를 던진 초창기의 생물전(生物戰)에 관한 글을 썼다. 또 16세기 프랑스의 수필가이자 철학자인 미셸 드 몽테뉴(Michel de Montaigne, 1533~1592)는 《수상록》 2권에서 1513년 포르투갈 군대가 샤틴(Xiatine)의 영토에서 벌인 타믈리 시 포위 공격에

꿀벌의 지능

1513년 도시를 침략한 포르투갈 군대를 둘러싸고 벌집을 던지는 타믈리 주민들.

대해 묘사했다. 상황이 좋지 않자 주민들은 성벽 너머로 여러 개의 벌집을 던지자는 기발한 계획을 세우고 실행에 옮겼다. 벌집에 불을 붙인 채로 "적을 향해 벌이 맹렬하게 날아갔고, 적들은 벌침에 쏘이는 것을 견디지 못해 짐을 싸고 물러나기에 이르렀다." 화가 난 암컷 벌들 덕분에 주민들은 한 사람도 목숨을 잃지 않았다.

벌집을 들쑤시면 화를 입는다는 사실은 진사회성(eusocial, 동물 사회에서 나타나는 가장 높은 수준의 사회성 - 옮긴이) 벌목 곤

작은 정복자들

'길들여진' 여신, 양봉꿀벌의 모습.

충인 양봉꿀벌을 통해 널리 알려져 있다. 이 곤충의 진사회성은 협력과 분업을 통해 조직화된 사회에 여러 이점을 제공한다. 여왕벌은 혼자서 모두를 지배하며, 벌집에서 유일하게 알을 낳는 암컷이다. 여왕벌의 여러 자손 가운데 일부인 일벌은 침을 쏘고 적에게 맞서 자신을 방어할 수 있지만 알을 낳는 상황에서는 대부분 무능하다. 한편 진사회성 말벌이 적극적으로 밖에 나가 침을 쏘아 먹잇감을 제압하고 사냥하는 것과는 달리, 꿀벌은 방어를 위해서 침을 사용하며 그 과정에서 누군가 죽더라도 '공공의 이익'을 위해 행동한다. 독주머니에 부착된 가시 작살인 꿀벌의 침은 원래 다른 곤충들에게 쏘려고 고안된 장치다. 하지만 두꺼운 피부로 덮인 우리 인간을 비롯해 포유류가 벌에 쏘이면 침이 피부에 쐐기처럼 박힌다. 그러면 벌이 뒤로 물러설 때 몸이 찢어지며 독을 펌프질하는 주머니가 상대에게 남는다. 벌의 죽음이 벌집의 수호라는 공공의 이익을 위해 희생된 셈이다.

꿀벌은 꽤 영리한 곤충이다. 우리는 그동안 이 곤충의 본성을 우리에게 이로운 쪽으로 활용하는 것에 대해 스스로 매우 똑똑하다고 생각했다. 그래서 우리가 벌을 전쟁에 이용할 때 가졌던 것과 같은 종류의 지능이 벌의 마음에는 적용되지 않는다고 여겼다. 벌은 통찰력이 아닌 본능에 따라 행동한다고 믿었던 것이다. 그러다 사람들은 최근에 와서야 '냄새 맡는 벌'을 개발하고는 놀라움을 금치 못했다. 말하자면 개를 비롯한 동물을 훈련시키는 것과 마찬가지로 꿀벌이나 벌을 훈련시켜 마약이나 폭발물 같은 화학물질을 찾도록 한 것이다. 과학자들은 냄새에 대한 반응에 보상을 하는 '고전적 조건형성'이라는 과정을 통해 단 5분이라는 놀라운 속도로 꿀벌을 훈련시킬 수 있었다(참고로 개를 훈련시키려면 최대 8개월이 걸린다).

지금으로부터 10년 전, 나는 BBC 라디오 시리즈에서 이 실험을 직접 보기 위해 영국의 한 연구실을 찾았다. 인센티널(Inscentinel)이라는 이 회사는 로담스테드 실험센터(마거릿 파운틴의 고모부가 설립한)에 본사를 두었으며, 지금은 문을 닫았지만 당시에는 화학물질에 대한 꿀벌의 파블로프 반응을 연구하고 있었다. 화학물질이 담긴 설탕 용액을 꿀벌과 함께 실험실용 배기 장치인 흄 후드에 넣으면 꿀벌이 혀를 내밀곤 한다. 그리고 이 같은 초기 훈련이 끝나면, 종을 울렸을 때 침을 흘리는 파블로프의 개처럼 꿀벌은 나중에 설탕 보상과 연관 있는 화학물질의 냄새를 맡았을 때 또 혀를 내밀게 되는 것이다. 이 '냄새 맡는 벌들'은 지뢰를 탐지해야 하는 교전 지역을 포함해 굉장히 다양한 환경에서 활용되고 있다.

수 세기 동안 곤충이 뛰어난 지능을 가졌다는 개념은 그 자체로 모순이라 여겨졌다. 이 곤충을 다룬 역사적 문헌은 대부분 꿀벌이 본능에 의해 지배되어 자동적인 반응을 하며 살아간다고 묘사했다. 프랑스 툴루즈에 자리한 폴사바티에대학교의 신경과학자이자 꿀벌의 지각과 학습을 연구하는 마르탱 지우르파(Martin Giurfa) 교수는 곤충은 뇌가 작아 이전에는 인지적 측면이 무시되어왔다고 설명했다. 지우르파의 연구에 따르면 꿀벌은 뇌가 작지만 후각이나 시각 자극을 연결하는 능력이 뛰어나 이것을 기반으로 새로운 행동을 학습할 수 있다고 한다. 그런 만큼 기본적이고 단순한 학습의 수준을 넘어서 자세히 설명할 필요가 있다는 것이다. 다시 말해 꿀벌이 하는 행동은 단지 '꽃을 보고 꽃으로 날아간다'는 단계보다 훨씬 복잡하다. 지우르파를 비롯한 많은 과학자들은 곤충을 본능적인 생물로만 바라보는 관점이 틀렸다고 주장한다. 대표적으로 다윈은 동물이 지적인 행동과 고도의 정신 능력을 가졌다고 관대하게 해석한 것으로 유명하다. 하지만 19세기 중반에 형성된 그의 사상은 주로 관찰과 추론에 기초한 것이었다.

선구적인 젊은 아프리카계 미국인 생물학자이자 인권 운동가인 찰스 헨리 터너(Charles Henry Turner, 1867~1923)는 인간만이 지구상에서 유일한 지적 동물은 아니라는 다윈의 주장에 동조했다. 터너는 1890년대에 동물의 행동과 인지에 대해서 당시의 통념과는 극명한 대조를 이루는 여러 연구를 시작했다. 예컨대 1911년에 발표한 〈패턴을 시각화하는 꿀벌의 능력에 대한 실험〉에서 터너는 이렇게 주장한다. "자극에 대한 반응이 부족하다고 해서 곤충이 그 자극을 알아차리지 못한 것은 아니다. 자극이 아직 의미를 얻지 못했을 뿐이다." 이후로 터너는 여러 무척추동물, 특히 꿀벌의 지적인 문제 해결력에 대해 70편이 넘는 논문을 발표했다. 오늘날 과학자들도 이런 유형의 연구에 기꺼이 뛰어들겠지만, 터너의 경우 직업적 경력 대부분이 대학에 기반을 두고 있지 않았다는 점에서 높이 평가할 만하다.

제시카 웨어(Jessica Ware) 박사는 미국 자연사 박물관에서

선구적인 생물학자인
찰스 헨리 터너.

근무하는 아프리카계 미국인 진화생물학자이자 곤충학자다. 웨어 박사는 곤충의 진화에 얽힌 복잡한 실타래를 연구하는 훌륭한 학자일 뿐만 아니라 과학 분야의 성적·인종적 편견에 맞서 싸우는 일에도 적극적이다. 그리고 터너에 대해서도 자세히 알고 있다. 웨어 박사는 터너가 작성한 현장 노트가 놀라울 만큼 상세하며, 여기에는 엄청난 인내심이 반영되어 있다고 말한다. 꿀벌 개체에서 나타나는 행동의 변이를 알아차리기 위해서는 불리한 조건에서도 세밀하게 연구해야 하는데, 터너는 불타듯 뜨거운 태양 아래서 몇 시간 동안 앉아 있거나, 당시 평상복이던 수트를 입은 채 자신이 본 벌 하나하나의 다리 자세가 어땠는지, 어떤 꽃을 방문했는지 자세히 묘사했다.

터너는 남북전쟁 직후 오하이오주에서 자랐는데 이 격동의 시기도 그의 앞을 가로막지는 못했다. 터너는 어린 시절부터 예리하고 호기심 많은 성품으로 자연에 열렬한 관심을 보였으며, 교회 관리인이던 아버지 토머스 터너와 간호사인 어머니 애디 캠벨은 학창 시절 내내 아들을 격려하고 지원했다. 웨어는 터너가 이러한 진취적인 성격을 갖게 된 계기가 당시 사회의 인종차별적인 긴장감이었을 것으로 추정한다. 1870년대에는 도서관, 학교 등 모든 공공시설에서 인종 분리를 강요하는 악명 높은 짐크로법이 시행되어 이후 1960년대까지 지속되었고, 아프리카계 미국인 커뮤니티의 상당수는 노예제를 벗어났음에도 다시 인종 분리를 겪어야 했다. 1886년 터너는 레온틴 트로이(Leontine Troy)와 결혼하여 세 자녀를 두었다. 세 아이의 이름은 헨리(1892~1956), 루이스(1892/1894~?), 다윈(1894~1983)으로 위인의 이름을 따서 지었다. 젊은 나이에 가정을 꾸리고 자신을 보살펴주는 아내를 둔(다른 누군가의 지원을 더 받았는지는 알려져 있지 않다) 터너는 1892년에 신시내티 대학교에서 학위를 취득했다. 이 대학교를 졸업한 아프리카계 미국인은 그가 처음이었던 만큼 그 자체로도 주목할 만한 업적이었다. 하지만 여기에 그치지 않고 터너는 졸업할 무렵 이미 다양한 주제로 세 편의 논문을 써서 출간했다. 〈조류 뇌의 몇 가지 특성〉과 〈같은 계절에 두 벌의 잎을 생산하는 포도 덩굴〉은 〈사이언스〉에 실렸고(최초의 흑인 저자였다), 〈갤러리 거미에 대한 심리학적 고찰: 거미줄을 만드는 지적인 여러 변이에 대한 사례들〉('갤러리'는 이 거미가 주로 숨는 장소에서 따왔다고 한다-옮긴이)은 〈비교 신경학 저널〉에 실렸다.

터너의 관찰에 따르면 거미 개체들은 사용 가능한 공간의 기하학적 구조와 관심 있는 먹이에 적응해 거미줄 치는 방식을 변화시킨 듯하다. "우리는 본능적인 충동이 이 거미들로 하여금 거미줄을 만들도록 유도한다고 의심 없이 결론 내릴 수 있다. 하지만 거미줄을 만드는 데 따르는 세부적인 사항은 지적 행동의 산물이다." 동물의 행동에 대한 이러한 해석은 전반적인 연구의 기초가 되었다. 이 논문을 계기로 터너는 지질학과 비교 신경학을 중점으로 연구하는 그의 멘토 클래런스 루서 헤릭(Clarence Luther Herrick, 1858~1904) 교수가 매주 주최하는 회의에 참석하게 되었다.

실험실의 구성원들이 모두 모이는 '랩 미팅'은 그들이 얻은 결과와 발견을 나누고 새로운 아이디어와 제안을 발표하는 일반적인 과정으로, 이러한 회의는 선배들이 주니어 구성원을 지지하고 격려함에 따라 상호작용이 원활하게 일어날 수도 있지만 반대의 경우도 있다. 헤릭은 오후의 티 파티에 가까운 방식으로 회의를 운영했고, 천을 씌운 테이블에는 샌드위치가 가득했다. 그리고 당시 이런 자리에는 전통적으로 백인들만 참석하곤 했다. 하지만 헤릭이 다른 구성원들에게 터너가 참석해도 괜찮은지 양해를 구했고, 그렇게 그는 "과학과 그 지적인 추구"에 대한 토론에 초대받았다. 웨어 박사의 표현에 따르면 "인종이라든지 종교는 더 이상 터너를 판단하는 기준이 아니었다." 대신 지적으로 무엇을 제안할 수 있는지가 중요했다.

이처럼 터너는 학계에 긍정적으로 첫발을 들였지만 이 기세는 곧 수그러들었다. 그는 1893년 대학을 졸업한 직후 데니슨대학교에서 박사 과정을 시작했지만 1894년에 중단했다. 이후 터너는 아프리카계 미국인 학생들을 위한 4년제 교양과정(liberal arts) 대학인 클라크대학교(현재 클라크애틀랜타대학교로 이름이 바뀌었다)에서 한동안 강의를 했지만 안타깝게도 정확한 시기는 확인되지 않는다. 그러다 1895년 아내 레온틴이 사망하면서 터너는 두 아들을 홀로 키우게 되었다(딸은 이미 세상을 떠난 상태였다). 대학에서 일자리를 찾고자 고군분투하던 그는 1906년 테네시주 클리블랜드의 칼리지 힐고등학교에서 교장으로 일하게 되었고, 얼마 지나지 않아 재혼한 후 조지아주 오거스타의 헤인즈 노멀 앤 인더스트리얼 인스티튜트로 직장을 옮겼다. 이 지역 최초로 설립된 흑인 학교였다. 터너는 여가 시간에 곤충의 행동을 집중적으로 연구했고, 그 결과 1907년 시카고대학교에서 동물학 박사 학위를 받았다. 이 학위 또한 아프리카계 미국인으로서는 세 번째였다. 하지만 박사 학위를 마치고 20편의 논문을 출간했음에도 대학교수 임용을 받지 못한 터너가 느꼈을 좌절감은 이만저만이 아니었을 것이다. 이에 대해 터너의 생애와 업적을 연구하고 저술한 프랑스의 신경과학자 마르탱 지우르파는, 당시 표준적인 학문 기관으로부터 소외당했던 상황이 터너가 독창적인 연구를 하도록 촉진했을 것이라고 말한다.

터너가 이전부터 가졌던 아이디어는 1908년 세인트루이스에 자리한 아프리카계 미국인 학교인 섬너고등학교에서 학생들을 가르칠 때까지 계속 유지되었다. 그리고 건강이 악화되어 1922년 은퇴할 때까지 터너는 이 학교에 머물렀다. 이 시기에 그는 최첨단 실험실이나 도서관에 마음대로 드나들지 못한 채 학생들과 함께 집이나 학교의 정원에서 현장 실습을 하며 꿀벌의 모든 것에 대한 호기심을 충족시켰다.

1908년부터 사망할 때까지 터너는 무척추동물에 대한 논문을 41편 발표했다. 그중에서도 터너가 가장 사랑한 종은 꿀벌, 더 나아가 벌류였던 것으로 보인다. 그는 기생벌과 독거성 벌에 대한 여러 연구 논문을 썼는데, 그 가운데 〈멜리소데스속의 태양춤〉은 *Melissodes* Latreille, 1829속의 혼인 비행을 최초로 기술한 논문이었다. 논문의 제목이 그 안에 다루고 있는 벌의 행동만큼이나 낭만적이다. 또 터너의 글솜씨 역시 주제만큼이나 흥미로워서 혼인 비행이 이루어지는 배경을 "때는 8월의 어느 날, 장소는 조지아주 오거스타의 어느 버려진 정원"이라고 묘사할 정도였다. 이전에는 알려지지 않은 벌목 곤충의 짝짓기 행동을 다룬다기보다 십대 청소년의 감상적인 글처럼 느껴진다. 그리고 터너는 암컷 벌의 목소리를 빌려 이렇게 말한다. "내 행동은 주풍성(走風性, 곤충이 바람의 기류를 향해서 일정

꿀벌의 지능

Vol. XV.　　　　November, 1908.　　　　No. 6.

BIOLOGICAL BULLETIN

THE HOMING OF THE BURROWING-BEES (ANTHOPHORIDÆ).

C. H. TURNER.

INTRODUCTION.

The researches about to be described were conducted for the purpose of determining how the burrowing bees compare with the ants and the mud-dauber wasps in their method of finding the way home. During most of the month of August, 1908, from five to ten hours a day were devoted to this study. This made it possible to conduct several series of experiments. Since all of the series led to similar conclusions, only two of them will be recorded. The majority of the experiments were conducted upon a species of *Melissodes* Latrl., many nests of which existed in an abandoned garden of the Haines Normal School.

SERIES A. EXPERIMENTS ON MELISSODES.

These experiments were conducted in a deserted garden. Before beginning the experiments proper, numerous preliminary observations were made for the purpose of obtaining information that would be helpful in conducting and interpreting the experiments.

Bearing in mind Bohn's assertion that the flights of certain Lepidoptera are anemotropisms and phototropisms,[1] much attention was given to the flight of these bees.

When these anthophorids are busy at work, the flight is certainly neither an anemotropism nor a phototropism, for neither the movements nor the orientation of the body bear any constant relation to either the direction of the wind or to the rays of the sun.

[1] M. Bohn, "Observations sur les Papillons du Rivage de la Mer," *Bull. de L'Institut Général Psychologique*, 1907, pp. 285-300.

설득력과 통찰이 가득한 터너의 실험 논문.

한 위치를 잡는 것 - 옮긴이)과 굴광성(屈光性, 식물체가 빛의 자극에 반응하는 성질 - 옮긴이)으로 복잡하게 설명되는 그 이상의 것이다. 둥지의 주변 환경을 사진처럼 기억해 집을 찾아오기 때문이다." 벌이 이렇게 과학적으로 행동할지 누가 알았겠는가? 또한 터너는 독거성 벌이 땅에 작은 구멍을 파고 주변의 지형지물을 외워 자신이 어디에 있는지 기억한다는 사실도 밝혔다.

터너는 두 번에 걸친 실험을 통해 이를 확인했다. 버려진 정원에서 진행한 첫 번째 실험에서는 종잇조각과 수박 껍질이라는 고전적인 과학적 장치를 사용해 벌들이 파낸 구멍 주변의 시각적 단서를 조작했다. 그리고 두 번째 실험은 아직 동정되지 않은 작은 벌을 대상으로 했다는 점 외에는 첫 번째 실험과 같았다. 터너는 물체를 이동시킴으로써 벌들이 자기 둥지 근처의 풍경을 학습하며, 이 곤충이 기억을 통해 저장된 정보를 끌어내고 그에 따라 판단해야만 이러한 탐색 행동이 설명된다는 사실을 확인했다. 여기에 대해 터너는 이렇게 썼다. "소거법을 통해 이 행동에 대한 가장 일관된 설명을 찾자면, 굴을 파는 벌들은 집으로 돌아가는 길을 찾을 때 기억을 활용하고 지형에 대한 시각적 기억을 형성하고자 둥지 주변을 주의 깊게 조사한다는 것이다." 이 곤충들은 본능을 초월해서 활동하고 있었다!

터너는 과학적 방법을 활용해 타당한 결과를 도출할 수 있는 반복 가능한 실험을 거쳤고, 그에 따라 색깔을 감지하는 꿀벌의 능력을 연구하는 데까지 주제를 확장했다. 독일계 오스트리아 생리학자이자 노벨상 수상자인 카를 폰 프리슈(Karl von Frisch, 1886~1982)는 꿀벌의 색각(色覺)을 밝힌 업적으로 널리 알려졌으며 1914년에 이 연구 결과에 대한 논문을 발표했다. 하지만 4년 전에 이 현상을 "곤충과 꽃의 관계를 올바르게 해석하기 위해 이론적으로 매우 중요한 문제"로 여기고 상세한 실험을 설계한 사람은 터너였다. 그는 양봉장의 꿀벌을 연구하는 대신 야생 꿀벌을 끌어들여 여름날 다섯 번에 걸쳐 연속으로 실험을 수행했다.

1910년에 저술한 에세이 《꿀벌의 색각에 대한 실험》에서 터너는 미주리주 세인트루이스의 오팔론 공원에서 수행한 세 가지 실험을 다뤘다. 먼저 빨강, 초록, 파란색의 원반과 색을 칠한 상자에, 벌들이 그 안으로 날아들도록 훈련한 일명 '풍요의 보고'를 디자인해 전동싸리 꽃 사이에 배치해서 벌들을 유인했다. 하지만 꿀이라는 보상이 따른 카드는 빨간색이었고 이 색은 벌들의 눈에는 보이지 않았는데 유감스럽게도 터너는 그 사실을 몰랐다. 비록 이제 벌들이 그런 자극을 감각할 수 있다는 데는 의문의 여지가 없지만 터너의 실험은 실제 색깔이 아닌 다양한 색조와 음영만을 구별하도록 하는 벌들의 전색맹에 대한 면밀한 조사였을 가능성이 높다. 그럼에도 터너는 벌들이 꿀이라는 보상을 찾는 데 시각과 후각적 단서를 모두 활용한다는 사실을 보여주며 다음과 같이 정리했다. "이 실험은 벌이 색각을 가지고 있음을 증명하지만 곤충의 색 선호도는 전혀 고려하지 않는다. 그것이 연구의 목적은 아니다. 내 목표는 다음 질문에 답하는 것이다. 벌은 색을 구별할 수 있는가? 실험 결과는 먹이를 찾는 벌들이 어떤 계율을 가지고 있고, 그 계율 안에는 색각과 후각이라는 두 가지 요소가 들어와 있음을 보여주는 듯하다."

터너는 꿀벌이 그늘이나 직사광선에 있을 때 빨간색 용기로 직접 날아가는 모습을 관찰했기 때문에 꿀벌이 서로 구별되는 회색빛 음영에 의존하는 게 아니라 색을 제대로 인식할 수 있다고 추론했다. 더 나아가 터너는 벌의 행동에 대해 자신이 어떻게 생각하는지를 명확하게 밝혔다. 인공적인 자극에 대한 선택을 의미 획득의 관점에서 설명한 것이다. "벌들에게 이러한 것들은 어떤 의미를 획득하는 계기가 되었다. 즉 이 별난 빨간색은 꿀을 담은 무언가를 의미하게 되었고, 초록색과 파란색은 꿀을 담고 있지 않은 무언가를 의미하게 되었다." 이런 식으로 터너는 벌이 연상을 통한 학습의 기본 원리를 습득했을 것이라 기대했다. 꿀벌이 정신적 능력을 지니지 않는다고 주장한 폰 프리슈와 달리, 터너는 벌을 비롯한 곤충을 환경 자극에 대한 자동적인 반응에 따라 움직이는, 이른바 단순한 반사 작용이 일어나는 기계로만 간주하지 않았다. 터너가 보기에 곤충이 내리는 모든 결정 뒤에는 학습과 기억, 개체의 변이가 숨어 있었다.

이 점은 또 다른 일련의 실험에서도 입증되었다. "이전과 동일한 설정을 사용해서 벌이 패턴을 인식하고 구별하는 방식을 알아낼 수 있을까"라는 실험이다. 다만 이번에는 원반에 검은색과 흰색, 또는 빨간색과 초록색을 띤 세로와 가로 줄무늬가 있다는 게 차이점이었다. 터너는 줄무늬를 다양하게 바꿔가며 스무 차례 가까이 실험을 수행했고, 벌이 이전에 꿀과 연관된 패턴을 선택하는 법을 배웠음을 보여주었다. 세로 줄무늬와 가로 줄무늬 패턴을 비교했을 때, 둘 다 동일한 색깔(초록색과 빨간색)에 동일한 공간 빈도(줄무늬 간격)였음에도 벌은 이전에 보상받았던 세로 줄무늬를 선호하고 가로 줄무늬는 무시했다. 그에 따라 터너는 벌이 색깔 패턴을 학습하고 인지했으며 동일한 색깔의 세로 줄무늬와 가로 줄무늬를 동등하게 보지 않는다는 결론을 내렸다. 그리고 실험 결과를 고려할 때 터너는 벌이 환경에 대해 "그림처럼 형성된 기억"을 만들지도 모른다고 믿었다. 그리고 터너의 생각은 옳았다.

동물의 행동에 대한 이런 인지적 관점은 행동주의적 관점이 지배하던 당시의 과학계에서는 인기가 없었다. 터너가 얼마나 시대를 앞섰는지 알 수 있는 대목이다. 흥미로운 점은 터너가 1883년에 《동물의 지능》이라는 저서를 출간한 진화생물학자 조지 존 로마네스(George John Romanes, 1848~1894)를 존경했다는 것이다. 로마네스의 책에는 다음과 같은 내용이 실려 있다. "나는 내 마음의 작동 방식과 유기체로서 내 몸이 촉발하는 활동에 대해 주관적으로 알고 있는 바에서 출발해, 유추에 따라 다른 유기체들의 관찰 가능한 활동에서 그 저변의 정신적 작동을 추론한다." 터너는 로마네스를 매우 높이 평가했으며, 자신의 둘째 아들 이름을 다윈 로마네스 터너라고 지었다.

벌의 먹이 찾기와 길 방향 찾기 행동에 대한 터너의 분석은 곤충의 행동에 대한 오늘날의 해석을 미리 앞서 보여주었다. 현대 연구자들은 이 해석을 재발견하고 지속적으로 발전시키는 중이다. 독일 출신 곤충학자인 라르스 치트카(Lars Chittka) 교수는 영국 런던에 자리한 퀸메리대학교에 있는 자신의 연구실에서 원래의 자연환경에서 벗어난 벌이 무엇을 학습할 수 있는지, 그리고 벌이 자기 행동의 결과를 예측할 수 있는지를 연구하고 있다. 감각 체계와 인지에 대해 보다 깊이 이해하는 게 치트카의 목표이며, 그의 실험실은 내가 지금껏 본 실험실 가운데 시설이 최고로 좋다.

벌의 감각과 행동 생태학을 연구하는 치트카의 연구실에서는 벌이 낮은 유리 패널 아래에 숨겨진 인공 꽃에 접근하는 능력을 시험 중이다. 보상인 꿀과 연결된 끈을 당기면 벌은 유리 패널 아래의 꿀을 끌어낼 수 있다. 그렇다. 이 서양뒤영벌

꿀벌의 지능

보상인 꽃꿀을 얻고자 끈을 잡아당기는 서양뒤영벌.

(*Bombus terrestris* (Linnaeus, 1758))은 끈을 조작하는 법을 배우는 중이다! 그저 재미있어 보일 수도 있지만 사실 이 실험에는 매우 흥미로운 비밀이 있다. 끈은 당기기 어려운 긴 것도 있고 당기기 쉬운 짧은 것도 있기 때문에 벌은 둘 중 하나를 선택해야 한다. 치트카에 따르면 "그들은 끈을 살펴보고 보상을 얻으려

면 무엇을 당기는 게 최선일지 판단한다." 하지만 실험은 여기서 멈추지 않는다. 실제로는 일부에 끈이 붙어 있지 않은 복잡한 형태의 꽃이 자연에 존재하기 때문에 벌은 이제 짧지만 보상이 없는 끈과 길지만 보상이 있는 끈을 비교해야 한다. 후자의 길고 튼튼한 끈을 당기는 게 유리하다. 그리고 이 모든 것은 다른 벌들이 지켜보는 가운데 이루어진다. 이 실험에 따르면 벌들은 정보를 전해 받으려고 신중하게 노력을 기울였다기보다는 "숙련된 조교(치트카의 표현에 따르면)"를 지켜보다가 우연히 (부산물처럼) 결과가 나왔을 뿐이다.

이렇게 조그만 뇌에서 이 정도의 학습이 이뤄질 수 있다는 것은 벌이 인간 엔지니어에게 줄 수 있는 중요한 통찰이기도 하다. 그에 따라 새로운 세대의 꿀벌 크기 로봇을 개발하려는 시도가 열기를 띠게 되었다. 미국 코넬대학교의 조교수 엘리자베스 패럴 헬블링(Elizabeth Farrell Helbling)은 꿀벌의 지능과 다재다능한 비행 능력을 모방한 작은 비행기계인 '로보비(RoboBee)'를 개발하는 프로젝트를 이끌고 있다. 인간을 돕는 작은 로봇에 대한 아이디어는 오래전부터 존재했다. 1966년에 개봉한 영화 〈바디 캡슐〉에서는 CIA 요원 그랜트(스티븐 보이드 역)와 그의 팀이 작게 변해 과학자의 뇌에 들어가는데, 요원들은 탈출에 실패하고 과학자는 뇌에 혈전이 생겨 소형화 과정을 지속시키는 방법을 사람들에게 전하지 못하게 된다. 줄거리

꿀벌의 지능

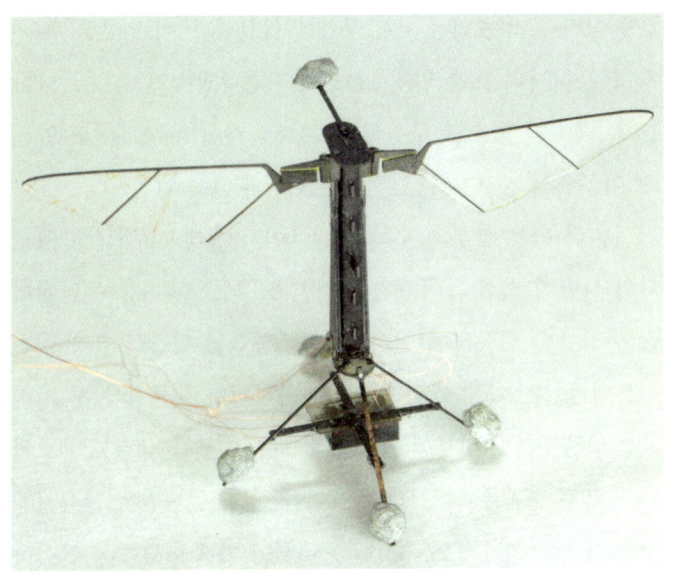

벌의 지능과 다재다능한 비행 능력을 모방하는 것을 목표로
개발된 작은 비행 기계 로보비.

를 미리 알려주자면 결국 성공하지만 말이다. 이후 〈이너스페이스〉(1987), 〈애들이 줄었어요〉(1990)와 그 속편 〈앤트맨〉(곤충학자들이 가장 좋아하는 영화다)에서 이 주제를 다룬다. 작게 변한 인간, 그리고 보다 현실적으로는 작은 로봇에 대한 아이디어가 매력적인 이유는 여러 가지다.

헬블링이 개발한 로보비는 1페니 동전 크기에 무게는 90밀리그램(집파리 약 10마리 무게)에 불과하다. 로보비는 '블랙

호넷'이라 불리는 작은 로봇 부대에 합류했다. 이 로봇은 한 손에 쏙 들어가며 25분 만에 2킬로미터를 폭발적인 속도로 날아간다. 레이저 빔으로 구동되는 '로보플라이(RoboFly)'도 있는데, 이름에서 짐작할 수 있듯이 로보비와 비슷하다.

이런 작은 로봇은 무너진 건물이나 전쟁 시 적국의 영토처럼 사람이 직접 들어가기에 위험하거나 광범위한 구역에서 많은 정보를 신속하게 얻어야 하는 작업에 굉장히 유용하다. 이를테면 가스가 누출되었는지 검사하거나 생존자를 찾고 적지를 탐색하려면 로봇이 어느 정도 학습 능력을 갖추고 마주치는 새로운 물체를 파악할 수 있어야 한다. 헬블링은 실험실에서 로보비를 성공적으로 시험 운행했고 이제 현장에서 실험하기를 기대하고 있다. 초기 단계의 목표는 로봇에게 감각 정보를 저장해 처리할 만한 지능을 심어주고, 주변 세계에 대해 보다 많은 사실을 발견해 환경을 쉽게 탐색하도록 하는 것이다. 그러자면 로봇이 어떤 물체를 찾거나 피해야 하는 상황에서 정확한 결정을 내리는 법을 익혀야 한다.

이처럼 우리는 벌의 뛰어난 학습 능력에 대해 계속해서 도움을 받고 있다. 그렇다면 벌의 조그만 뇌는 계획하거나 상상할 수도 있을까? 이 주제에 대해 오래 고민한 치트카는 이렇게 대답한다. "벌이 현재를 살아갈 뿐만 아니라 가까운 미래까지 계획하거나 예상할 수 있다는 증거의 조각들이 점점 쌓이고 있습니다. 어쩌면 벌에게는 감정이 있을지도 모르죠. 벌에게 일종의 의식이 존재할지도 모른다는 결론을 짓게 하는 증거도 조금씩 나타나고 있거든요."

만약 터너가 학문적으로 더 많은 지원을 받았다면 어떤 성과를 이루었을지 궁금해지는 대목이다. 어쩌면 동물의 인지능력과 그들의 작은 뇌가 지닌 능력을 다루는 분야 전체가 전혀 다른 방향으로 발전했을지도 모른다. 그럼에도 터너는 나름대로 많은 것을 성취했으며, 이것은 아프리카계 미국인이었던 마거릿 제임스 스트릭랜드 콜린스(Margaret James Strickland Collins, 1922~1996)도 마찬가지다. '흰개미 여인'이란 별명을 가진 콜린스는 곤충학자와 인권 운동이라는 두 활동의 균형을 잘 맞추며 일했다. 터너와 콜린스는 모두 역경 속에서도 제시카 웨어가 "근면성과 직업관에 대한 진정한 증거"라 표현할 만큼 과학적 연구 방식을 훌륭하게 설계해서 많은 성취를 거뒀다.

조그만 곤충의 세계에서 그동안 알려지지 않은 지식을 밝혀내려면 무엇보다 연구자 개개인의 역량이 뛰어나야 한다. 열심히 연구하고 여러 장애물을 극복한 터너처럼 꿀벌을 비롯한 곤충들도 자신이 직면한 여러 장애물과 도전 과제를 헤쳐 나가려고 열심히 애쓴다. 그러니 우리에게 따끔한 침을 쏜다고 벌들을 나쁘게만 판단해선 안 된다. 이 교훈을 명심하자.

주방의 골칫거리인 바퀴벌레.

10
바퀴벌레의 신경

종종거리며 돌아다니는 작은 바퀴벌레야,
어쩜 그렇게 잡기도 힘들 만큼 빠르니.
식료품 저장실 선반 위로
자기 몸을 감추기 위해 서두르는 너.
-크리스토퍼 몰리(1890~1957)

드디어 바퀴벌레의 차례다. 바퀴벌레는 우리가 먹는 음식을 좋아하고 우리와 함께 사는 것을 좋아해서 특히 주방에서 골칫거리다. 우리 집에는 욕조 아래에도 최소 한 마리가 산다. 바퀴벌레는 어디든 서식지를 개척하는 능력이 뛰어나며 서식지와 흥미로운 관계를 맺는다. 몇몇 사람들은 바퀴벌레가 오물과 연관 있다고 생각해서 이 벌레를 싫어하거나 심한 경우 공포증에 시달리기도 한다. 반면에 나처럼 호기심을 품고 바라보는 사람들도 있다. 하지만 이 곤충이 지닌 놀라운 사실을 아는 사람은 거의 없다.

바퀴벌레의 조상은 공룡이 살던 백악기부터 지구상에 살

왔기 때문에 이 곤충은 혈통이 꽤 오래되었다. 바퀴벌레는 흰개미와 함께 바퀴목(Blattodea)이라는 집단으로 분류된다. 그러니 어떻게 보면 흰개미는 그저 사회성이 매우 뛰어난 바퀴벌레인 셈이다! 현재 약 4,400종의 바퀴벌레가 있지만 대부분의 사람은 인간과 함께 서식하는 세 가지 주요 종만을 접했을 것이다. 아프리카와 중동 지역의 토착종인 이질바퀴(*Periplaneta americana* (Linnaeus, 1758), '미국 바퀴벌레'라고도 한다), 동남아시아에서 온 바퀴(*Blattella germanica* (Linnaeus, 1767), '독일 바퀴벌레'라고도 한다), 크림반도에서 온 잔날개바퀴(*Blattella orientalis* Linnaeus, 1758, '동양 바퀴벌레'라고도 한다)가 그것이다. 셋 다 원산지와 영어권 일반명이 지리적으로 어긋난다. 이들을 비롯한 많은 바퀴 종들은 먹이와 서식지를 찾는 과정에서 인간의 곁이 좋은 선택이라는 것을 깨달았고, 우리의 의사와 상관없이 함께 살게 되었다. 바퀴목의 나머지 종은 숲이나 동굴에서 살아가는데 상당수가 수생동물이다(숨을 참는 데 매우 능숙하다).

백악기부터 동굴에서 서식한 바퀴벌레는 현재 두 종이 알려져 있다. 헤멘 센디(Hemen Sendi)와 공동 저자들은 2020년 국제 학술지 〈곤드와나 리서치〉에 발표한 논문에서 이 곤충들의 몸이 매우 특수한 환경에서 살아가기 위해 어떤 적응을 거쳤는지를 다뤘다. 이 바퀴벌레들은 몸의 전체 크기를 줄이고 작은 눈을 갖도록 진화했다. 어둠 속에서 돌아다니려면 어느

바퀴벌레의 신경

정도의 기술이 필요한데 인간은 대부분 이런 기술을 갖추지 못했다. 하지만 바퀴벌레라면 문제없다. 이들은 영리해서 미로를 탐색하고 은신처로 돌아가기 위해 주변의 시각적 특징을 기억하는 등 꽤 많은 것을 익힐 수 있기 때문이다.

앞 장에서 꿀벌의 지능에 대한 선구적인 연구자로 소개한 터너는 1912년 〈열린 미로에서 바퀴(*Periplaneta orientalis* L)가 보이는 행동〉이라는 논문을 발표한 바 있다. 터너는 암컷 바퀴벌레가 미로를 통과하는 데 시간이 얼마나 걸리는지 알아내는 동안 "감금된 상태와 나의 존재에 익숙해졌음"을 관찰했다. 이 바퀴벌레는 단순히 미로의 끝에 도달하는 데 그치지 않고 길을 외웠다. 바퀴벌레가 실패하거나 성공한 뒤에 과제를 다시 수행하게 했을 때 작업을 완료하기까지 시간이 점점 더 빨라졌던 것이다. 터너에 따르면 처음에는 과제 수행이 15분에서 60분까지 걸렸지만 여러 번 시도한 끝에 1분에서 4분 이내에 완료했다고 한다.

이 영리한 바퀴벌레는 다른 곤충에 비해 상대적으로 뇌가 크다. 바퀴벌레의 뇌는 몸 전체 길이로 확장되는 뉴런 네트워크와 연결되어 있다. 그리고 이 네트워크를 연구하는 과정에서 과학자들은 신경생리학이라는 분야 전체를 근본적으로 뒤엎어야 했다. 이제 우리는 이 곤충이 얼마나 빨리 학습하고 적응하는지 알게 되었고, 그 과정에서 우리 인간 종에 대해서도 조

지구상에서 가장 오래된 동굴성 동물인 바퀴벌레 *Mulleriblattina bowangi*가
살던 시대는 백악기로 거슬러 올라간다. 미얀마 후카웅 계곡에서
호박 안에 보존되어 발견된 모습이다.

금 더 이해하게 되었다. 바퀴벌레의 과제 수행과 특성, 행동의 기초를 이루는 세포 메커니즘을 탐구하는 데 중요한 역할을 하는 것이 바로 이 곤충의 뛰어난 학습 능력이다.

바퀴벌레의 신경

오스트레일리아 시드니대학교의 스티븐 심슨(Stephen Simpson) 교수는 곤충의 작은 신경계에 관해 연구해왔다. 오스트레일리아에서 자라 일을 하면서 퀸즐랜드대학교 학부 과정을 마친(비록 매우 오래 걸렸지만) 심슨은 영국 런던대학교에서 박사 학위를 취득한 뒤 옥스퍼드대학교로 일터를 옮겼다. 대학에서 20년 넘게 연구한 심슨은 곤충이 몇 시간, 심지어 몇 분만에 새로운 행동을 시작하는 놀라운 유연성을 목격했다. "곤충은 뭔가를 배울 수 있습니다. 고정된 상황에서 판에 박힌 작업을 수행하도록 프로그래밍된 조그만 로봇이 아닌 거죠."

그렇다면 곤충은 정확히 어떤 방식으로 학습하는 걸까? 그것은 하나의 뉴런에서 다음 뉴런으로 화학물질이 흘러가며 각 뉴런이 활성화되는 숫자와 정도에 영향을 미쳐 시스템 전체를 작동하는 방식인 '신경 조절'에 의해 좌우된다. 이 시스템은 곤충이 세상을 인식하는 방식에 영향을 끼친다. 마치 과일샐러드를 먹는 것과 같다. 우리 입에 들어가는 과일의 종류와 수를 바꾸면 입속에서 경험하는 맛 전체를 조절할 수 있고 이 맛은 매번 달라질 수 있다. 즉 소수의 뉴런을 유연하게 활용하면 유연성이 높은 여러 행동이 가능하며, 이것은 주변 환경에서 길을 찾아야 하는 동물들이 적응하는 데 큰 의미를 지닌다.

화학물질이 신경계에서 신체의 나머지 부분에 영향을 미치는 역할을 한다는 것은 새로운 개념이 아니며, 18세기의 프

살아 있는 유기체 안에 '생명 에너지'가 존재한다고 공상한
프랑스 의사 테오필 드 보르되.

랑스 의사 테오필 드 보르되(Theophile de Bordeu, 1722~1776)로
거슬러 올라간다. 보르되는 당시 사람들이 받아들이던 생기론
(生氣論)에 크게 매료되었는데, 이것은 생명력의 불꽃 또는 생

명의 에너지에 따라 생명체와 비생명체가 구분된다는 이론이다. 특히 보르되는 오늘날 몇몇 호르몬을 생성한다고 알려진 분비샘이 이 '신비한 생명력'에 의존한다고 생각했다. 생기론이라는 이 사변적인 이론은 신체 기능에 대해 간단하게 기계적으로 설명하는 물리 의학 또는 의료 기계학의 아이디어를 정면으로 반박했다. 결국 나중에 생기론은 유사과학으로 판명되었다. 하지만 보르되는 자기 생각을 뒷받침할 데이터가 없음에도 인체에 영향을 주는 화학물질에 대해 막연하게 공상하기 시작했다.

화학물질이 신체의 작동 방식에 영향을 미친다는 개념은 19세기 내내 조롱거리였다. 하지만 1930년대 초 베르타 샤러(Berta Scharrer, 1906~1995)라는 독일 생물학자 덕분에 이 개념은 다른 형태로 다시 등장했다. 결혼 전 이름이 베르타 보겔이던 그녀는 어머니 요한나 바이스 보겔과 아버지 카를 필립 보겔 사이에서 태어났고, 아버지는 유명한 판사이자 바이에른 연방법원의 부원장이었다. 어린 시절 샤러는 세 형제자매와 함께 뮌헨의 문화유산과 음악, 예술, 뛰어난 교육 시스템의 혜택을 받았다. 세 단계에 걸친 독일의 중등학교 체계에서 가장 고등한 교육기관인 김나지움에 다녔던 샤러는 이곳에서 앞으로 평생 이어질 생물학에 관심을 싹틔웠다.

샤러는 생물학을 연구하는 과학자가 되겠다는 목표를 세

우고 뮌헨대학교에 입학했다. 이것은 현명한 선택이었다. 당시 대학에 다니는 일반 여학생들의 관심사와 달리 생물학에 소질이 있고 똑똑했던 샤러는 꿀벌을 연구하는 생리학자 카를 폰 프리슈 교수의 지도를 받았다. 심슨에 따르면 샤러는 이때 "이 작디작은 생명체들이 놀랍도록 영리하다"는 사실을 깨달았을 것이라고 한다. 그리고 사람 뇌의 0.0002퍼센트도 되지 않는 작은 뇌를 가진 꿀벌이 어떻게 이런 능력을 갖추게 되었는지는 샤러가 꼭 밝혀내고 싶은 질문이었다. 그녀는 여러 해에 걸쳐 벌과 초파리속 곤충의 신경 해부학을 연구해 1930년에 박사 학위를 받았다. 하지만 이때 고생만 했던 건 아니다. 동료이자 척추동물 연구자였던 에른스트 샤러(Ernst Scharrer, 1905~1965)를 만났기 때문이다.

    1928년 에른스트는 어류의 시상하부에서 그가 '분비샘 신경세포'라 부르던 것을 발견했는데, 이것은 뇌에서 안정화와 조절을 담당하는 부서다. 또 이때 두 사람은 사랑의 꽃을 피웠고(우리에게 필요한 호르몬의 작용으로), 그에 따라 결혼 상대로서뿐만 아니라 매우 중요한 동료 관계를 얻었다. 샤러는 당시 상황에 대해 이렇게 말했다. "당시는 여성으로서 학계의 커리어를 이어가는 게 전혀 유망하지 않았다. 나에게 일할 기회를 준 생물학자와 결혼하지 않았다면, 나는 내가 해낸 일을 도저히 할 수 없었을 것이다."

과학사학자 매슈 콥 교수는 이때부터 샤러가 '신경 내분비학(뉴런에서 호르몬을 저장·합성·방출하는 것을 다루는 학문)'이라는 새로운 분야에서 미래의 커리어를 쌓을 씨앗을 뿌렸다고 말한다. 뉴런이 '이상한 화학적 전기'를 통해 정보를 보낼 뿐만 아니라 호르몬도 생성한다는 사실을 1928년에 에른스트가 발견했기 때문이다. 당시 에른스트가 가진 유일한 증거는 신경에서 볼 수 있는 구조들과, 그에 따르면 "경골어류인 연준모치의 시각앞핵 거대세포 속 콜로이드와 비슷한 봉입체"였다. 하지만 그의 가설은 시상하부 주변에서 풍부하게 형성된 혈관에 의해 더욱 뒷받침되었다.

샤러와 에른스트는 함께 일하기 시작했지만, 샤러가 목격한 것처럼 "신경호르몬이나 혈액 매개 신호를 멀리까지 전달하는 것은 이전에는 내분비 세포에만 관련된 활동이었기 때문에 이 활동이 신경세포에서도 일어난다는 생각은 강력한 저항에 부딪혔다." 그것은 사실상 논란의 여지가 있는 아이디어였다. 1930년대만 해도 신경생리학 분야의 과학자들은 신경세포가 어떻게 의사소통에 영향을 미치는지에 대해 무지했다. 신경세포를 통해 신호가 전달되는 방식, 신경세포가 소위 혈액 매개 신호를 전달하는 방식은 물론이고, 신경세포가 한 세포에서 다음 세포로 전기 신호를 보내는 방식이 무엇인지조차 명확하게 알지 못했다.

당시 과학계에서는 '수프 대 불꽃의 전쟁'이라는 큰 논쟁이 벌어지고 있었다. 몇몇 연구자들이 뉴런에서 다른 뉴런으로 전달되는 일종의 화학적 메시지가 있다고 단호하게 주장하자, 이것이 단순한 전기 신호라고 생각한 연구자들도 똑같이 목소리를 높였다. 하지만 에른스트의 가설은 뉴런에서 다른 뉴런으로 전달되는 일종의 화학적 메시지가 존재한다는 인식을 강화했다. 그는 뉴런을 따라 정보가 실제로 이동하는지는 특별히 관심이 없었지만, 그래도 뉴런이 호르몬을 생성하는지의 관련 여부를 판가름하는 데는 매료되었다.

샤러는 벌레와 달팽이를 비롯한 다양한 종에서 증거를 찾기 시작했고, 놀랍게도 이런 동물들의 뉴런도 에른스트가 발견한 구조를 가지고 있다는 사실을 알게 되었다. 그래서 샤러는 남편이 내놓은, 이른바 논란의 여지는 있지만 획기적인 잠재력을 지닌 가설에 대한 증거를 즉각 제시할 수 있었다. 이 가설은 동물 종의 뉴런에서 상당 부분이 전선 역할을 하며, 유기체의 행동과 발생에 변화를 일으키는 호르몬이 전선을 따라 분비하고 있다는 전망을 제시했다.

샤러 부부는 일찌감치 동물계의 여러 종을 서로 적절히 분배해 광범위하게 분포하는 신경 내분비 현상을 증명하는 게 좋겠다고 생각했다. 에른스트가 척추동물을 연구하는 동안 샤러는 무척추동물을 도맡았다. 그리고 이들은 환상의 팀이라는 사실을 스스로 증명했다. 해부학적 증거와 실제 실험 증거를 모두 동원해 무슨 일이 벌어지고 있는지에 대한 전반적인 이해를 끌어냈기 때문이다.

애정해온 꿀벌과 초파리속을 대상으로 이러한 뉴런 구조를 관찰하기 시작한 샤러는 이렇게 말했다. "누구도 이런 경이로운 발생을 예측할 수 없었을 것이다. (…) 그것은 나의 초기 관찰이 마음대로 지어낸 상상력의 산물이 아니라는 사실을 보여주었다." 그리고 비록 이 과정을 온전히 이해하지는 못했지만, 샤러가 1935년과 1936년에 이 주제에 대해 처음 출간한 논문은 서로 다른 무척추동물을 다뤘다. 바로 군소(*Aplysia* Linnaeus, 1767)속 연체동물과 갯지렁이(*Nereis virens=Alitta virens* (Sars, 1835))다.

샤러와 에른스트는 새롭게 부상하는 이론을 더 발전시키기 위해 종종 사람들과 연락을 두절한 채 연구에 몰두했다. 많은 과학자들이 바라는 것처럼 이들은 의심이 비집고 들어와도 아이디어를 주고받으며 서로를 안심시키는 동료 관계였다. 에른스트가 독일 프랑크푸르트대학교의 에딩거 뇌 연구소 소장으로 임명되면서 부부는 이곳에 기반을 두고 연구했다. 비록 친족등용 금지 조항 탓에 샤러는 급여를 받지 못했지만 그래도 연구 공간이 주어졌고 삼촌으로부터 약간의 도움을 받아 생활할 수 있었다. '족벌주의' 때문이든 노골적인 성차별 때문이든

작은 정복자들

샤러가 처음 연구한 종들.
털 없이 미끈한 군소(위)와 갯지렁이(아래).

급여를 받지 않는 직위에 머물러야 했던 문제는 샤러의 인생에서 꽤 오랜 기간 이어졌다. 하지만 나치 독일의 어두운 그림자가 드리우던 시기였기에 샤러가 당면한 골칫거리는 그것만이 아니었다. 1934년 샤러가 결혼하기 1년 전 독일 제국의회는 아돌프 히틀러가 외부의 간섭 없이 행동할 수 있도록 허용하는 전권 위임법에 찬성표를 던졌고, 그에 따라 히틀러의 독재가 시작됐다. 게다가 이 투표 직후에는 악명 높은 '독일 공무원 회복에 관한 법률'이 통과되어 학자를 포함해 유대인으로 정의되는 모든 사람을 공무원에서 해임하도록 강제했다. 샤러는 비록 해임되지는 않았지만 그래도 유대인이었기에 새로운 정권하에서 일하는 것이 점점 더 어려워졌다. 당시 상황에 대해 샤러는 이렇게 썼다. "우리 부부가 특별히 반대했던 것은 나치의 무의미하고 부도덕한 철학, 인종 우월주의, 반유대주의, 집단학살이었다. (…) 그래서 우리는 더 이상 이 체제의 일원이 되기가 불가능하다고 판단했다."

두 사람은 1937년 에른스트의 록펠러 펠로십 덕분에 미국으로 떠날 수 있었다. 당국에는 비밀에 붙였지만 아프리카와 필리핀, 일본을 들러 연구용 동물을 채집하고 미국에 영구적으로 이주할 작정이었다. 시카고에 머물렀던 첫해는 부부가 미국 전역에서 여러 학문적 직책을 맡는 시발점이 되었다. 체코 카를로바대학교에서 연구하는 이들 부부의 친구이자 동료인 조지 B. 스테파노(George B. Stefano)도 1980년대부터 샤러와 함께 일하기 시작했다. 스테파노의 회상에 따르면 에른스트는 유급 일자리를 확보할 수 있었지만 샤러는 에른스트와 함께하는 보충 연구를 보수 없이 진행할 수밖에 없었다. "샤러는 여성이라는 이유로 힘든 시간을 보냈지만, 여전히 의미 있는 작업을 수행하고자 했다. 샤러에게는 경제적으로도 효용적이고 돌보기 쉬우며 많은 사람을 필요로 하지 않지만 동시에 매우 유의미한 연구용 유기체가 필요했다." 그래서 등장한 생물이 바로 바퀴벌레였다.

샤러는 이질바퀴라는 소위 '해충'에 손을 댔다. 이 곤충은 크기가 적당했고 돌보기 쉬웠으며 중앙난방이 통하는 시카고대학교의 지하실에 가면 언제든 만날 수 있었다. '바퀴벌레방'이라고 불리는 샤러의 연구실은 북새통처럼 정신없이 북적였으며(아마도 바퀴벌레의 습격으로 인해) 여자 화장실 옆에 자리했다. 사람들은 곧 이 연구실에서 화장실 냄새가 아닌 어떤 냄새를 맡기 시작했다. 만약 여러분이 바퀴벌레 냄새를 맡아본 적이 없다면 퀴퀴하거나 시큼하고, 기름지며, 달짝지근한 독특한 냄새를 떠올리면 된다. 바퀴벌레의 냄새가 공기 중에 배면 기름기가 느껴진다. 어쨌든 예산이 한정되었기에 샤러는 이 새로운 피험자들과 함께해야 했다.

시카고에는 바퀴벌레가 많은 편이지만 1938년 이들 부부가 뉴욕에 이주했을 때는 막상 바퀴벌레가 충분하지 않았다. 오늘날 뉴요커들이 들으면 아이러니하게 여기겠지만 말이다. 그러다 1940년에 샤러는 막 배를 타고 이 도시에 도착한 바퀴벌레를 발견했는데, 바로 마데이라바퀴벌레(*Leucophaea maderae* (Fabricius, 1781))였다. 원래 아프리카에서 온 이 바퀴벌레는 남아메리카에서 영장류를 운송하는 배를 타고 미국에 도착했다. 미국 바퀴벌레보다 훨씬 크고 대담한 이 녀석은 샤러의 '수술실'에서 해부하기에 훨씬 용이한 대상이었다.

1951년 샤러는 대중과학 잡지 〈사이언티픽 아메리칸〉에 〈마데이라바퀴벌레〉라는 글을 발표하면서 "온갖 종류의 실험적 처치를 거치고도 살아남는 이 강인한 작은 생명체"에 경의를 표했다. 또한 이 곤충은 "미적으로 고려할 필요가 없어서 해부하기에 완벽한 종(부드러운 박엽지 사이에 끼워서 고정하면 아무런 소리도 내지 않는다)"이라고도 표현했다. 그리고 샤러는 이 바퀴벌레가 고등동물과 굉장히 비슷하다고도 덧붙였다.

다음으로 부부가 오하이오주 클리블랜드로 이사했을 때도 이 바퀴벌레들은 함께 따라왔다. 샤러는 여전히 돈을 받지 않은 채 연구원이자 강사로 일했다. 심지어 샤러는 학과 세미나에도 참석할 수 없었는데, 그나마 차를 만들어주겠다고 약속하면 사람들이 좀 누그러졌다. 7년 뒤 부부는 바퀴벌레와 함께 콜로라도대학교 의과대학으로 연구의 터전을 다시 옮겼고, 여

작은 정복자들

왼쪽부터 마데이라바퀴벌레의 성체, 성체 전 단계, 약충의 모습.

기서 샤러는 조직을 제거하고 이식하는 고전적인 실험을 시작했다. 이 실험을 통해 그녀는 신경세포에서 호르몬 성분이 저장되고 방출된다는 사실을 증명했다. 그뿐만 아니라 샤러는 멀리 떨어진 곳에서도 얼마나 많은 호르몬이 뉴런에 빠르게 작용하는지도 보여주었다. 이 활동적인 부부는 신경 과립이라 불리는 물질을 보여주는 생생한 컬러 슬라이드와 도판을 통해 자신들이 연구한 사례를 신중하게 발표했다. 이 과립의 일부는 신경세포에서 실제로 분비되는 중이었다. 샤러의 연구는 매우 높은 평가를 받았으며, 그에 따라 1950년 프랑스 파리에서 심포지엄을 조직할 무렵에는 학계의 직함이 필요해졌다. 그리하여

바퀴벌레의 신경

여전히 무급인 자리였지만 마침내 대학의 조교수가 되었다. 샤러는 연구를 이어나가 곤충의 신경 내분비 시스템의 생리학에 관한 연구를 완료했다. 샤러의 연구에 담긴 아이디어는 널리 퍼졌고, 곧 바퀴벌레는 생리학자들에게 모델 생물로 매우 빠르게 채택되었다.

과학사의 큰 틀에서 보면 신경생리학의 본격적인 시작을 알린 이 놀라운 에피소드가 얼마나 대단한 것인지는 아무리 강조해도 지나치지 않는다. 샤러와 에른스트는 뉴런의 신경 내분비 기능에 관한 획기적인 연구를 진행해 그때까지 아무도 예상하지 못한 과정을 밝혀냈다. 그 덕분에 많은 연구자들이 신경계 주변에 신호를 전송하는 측면에서 뉴런이 어떻게 작동하는지 더 잘 이해하게 되었다.

1950년대에 이르러 이 새로운 지식은 의학적인 목적과 즐거움을 위한 새로운 약물들을 탄생시켰다. 그중 가장 유명한 것이 '리세르그산 디에틸아미드'로, 우리에게는 LSD라는 약자로 더 널리 알려져 있다. 당시는 전기 신호와 화학 신호의 이중적 특성을 지닌 뉴런의 성질이 알려지면서 샤러와 에른스트의 연구가 여기에 완벽하게 맞아떨어진 시기였다. 샤러는 자신들이 인정받기까지 이렇게 오랜 시간이 걸린 것이 이해된다고 말했다. "우리가 워낙 대담한 주장을 펼쳤으니 대부분의 사람들이 그 개념을 받아들이는 데 20년이 걸린 거죠." 그리고 샤러는 신경 내분비에 대한 자신들의 아이디어가 받아들여지면 신경 내분비학이라는 완전히 새로운 분야의 기초 원리가 될 것이라고 강조했다. 콥 교수는 샤러가 무척추동물, 남편 에른스트가 척추동물의 신경 내분비학에 대해 밝혔으니 이제 동물계 전반에 대해 말할 수 있게 되었다고 말한다. 즉 두 사람의 발견을 결합해야 더 인상적인 결론에 이를 수 있다는 것이다.

    5년 뒤 부부는 뉴욕의 앨버트 아인슈타인 의과대학으로 옮겼고, 샤러는 생애 처음으로 급여를 받는 직책을 얻었다. 새로 설립된 이 학교에 해부학과를 설립해달라는 요청을 받은 에른스트는 학장으로서 샤러에게 정교수직을 제안했다. 여기에 대해 에른스트는 이렇게 말했다. "물론 나도 친족등용 금지 원칙을 알고 있지만 이곳은 완전히 새로운 학교인 만큼 조금 더 혁신적으로 나아갈 수밖에 없었죠." 혁신적인 태도가 혁신적인 성과를 이끄는 법이다. 결국 1963년 두 사람은 이 분야 모든 학생들의 필독서인 고전적인 저서 《신경 내분비학》을 출판했다. 하지만 2년 후, 에른스트가 마이애미에서 휴가를 보내던 중 익사하는 사건이 일어났다. 샤러의 남편이자 연구 파트너였던 그가 강한 저류에 희생되면서 샤러가 걷는 길에 다시 변화가 찾아왔다. 하지만 그동안 자신의 경력에 스스로 힘을 실어준 불굴의 힘으로 88세까지 연구하다가 1995년에 세상을 떠났다.

    샤러의 연구는 곤충의 신경계에 대한 우리의 이해에 혁명을 일으켰으며, 동시에 신경계를 통해 행동이 급격하게 변화하는 방식을 보여주었다. 가장 대표적인 사례가 생물학자 스티븐 심슨 교수가 가장 좋아하는 연구 대상인 사막메뚜기(*Schistocerca gregaria* (Forsskål, 1775))이다. 사막메뚜기는 주변 환경에 변화가 생기면 행동이 매우 유연하게 바뀐다. 이 메뚜기는 밤에는 혼자 날아다니며 수줍은 듯 눈에 띄지 않다가도, 낮에는 굉장히 눈에 잘 띄고 엄청난 수의 개체가 떼를 지어 다니며 농가에 엄청난 피해를 준다. 그리고 이 두 가지 양식 사이를 가역적으로 왔다 갔다 할 수 있다. 이렇게 혼자 다니는 형태와 여럿이 어울리는 형태일 때 이 메뚜기는 몸의 색깔, 생리학적 특징, 행동이 현저히 달라진다. 예컨대 혼자 살아가며 아직 날지 못하는 시기인 약충일 때는 식물과 조화를 이루는 온화한 생활 방식을 지키기 때문에 보다 친환경적이다. 이 두 가지 서로 다른 형태는 실험실에서 유도할 수도 있는데, 고립된 상태에서 키우다가 한데 모아 키우면 한 단계에서 다른 단계로, 또다시 원래 모습으로 전환이 가능하다. 게다가 메뚜기는 뇌에 신경세포의 수가 상대적으로 적어서, 전환이 이루어지는 동안 일어나는 변화를 직접 관찰할 수 있다. 그렇기에 메뚜기가 새로운 상황에 처하게 되었을 때 보다 복잡한 동물의 몸에서 발생하는 유사한 메커니즘에 대해 통찰을 제공할 수도 있다.

즉 메뚜기가 살면서 내려야 할 중요한 결정은 다른 메뚜기 떼에 합류하느냐, 아니면 피하느냐 하는 것이다. 일단 결정이 내려지면 다른 메뚜기가 주변에 계속 존재하는지 여부에 따라 생리학적 특징, 체형, 색깔에 대한 후속 변화가 일어난다. 이 날개 달린 조그만 곤충은 하루에 자신의 체중(약 2그램)에 해당하는 식량을 먹어 치울 수 있다. 숫자만 보면 그렇게 대단치 않아 보이지만 메뚜기가 수백만 마리가 되면 문제가 커진다. 2003년 10월부터 2005년 5월까지 아프리카의 여러 나라가 근 15년 동안 어마어마한 규모의 메뚜기 떼에게 습격당했다. 모로코를 폭격한 한 무리는 230킬로미터×150미터의 면적을 뒤덮었는데, 대략 690억 마리로 추정된다. 그에 따라 23개 국가에 걸쳐 메뚜기 떼를 처치하는 데 드는 비용만 총 4억 달러 정도가 들었다. 더욱이 기후 패턴이 변화하면서 이런 메뚜기 떼에 여러 차례 습격을 받아야 했는데, 기후변화가 더욱 분명해지면 이따금 내리던 비는 더욱 자주 내리게 될 것이다.

마지막으로 대규모 메뚜기 떼가 발생한 것은 2018년 5월 사이클론 메쿠누가 아라비아반도에 가히 성경에 나올 법한 엄청난 비를 뿌린 뒤 그해 10월 사이클론 루반이 그 뒤를 이었을 때다. 외딴 지역까지 메뚜기 처리팀이 접근하기 힘들 정도였는데, 당시 메뚜기 개체 수는 8,000배 가까이 증가했다. 그리고 2019년에는 이 곤충들이 이란 남부와 사우디아라비아의 내륙과 남서부, 예멘 내륙까지 이동했다. 이후 비가 많이 내리면서 많은 곤충들이 이동했고, 다시 많은 비와 곤충의 이동이 뒤따랐다. 에티오피아와 소말리아, 케냐, 우간다, 남수단, 탄자니아가, 그리고 1945년 이래 처음으로 콩고민주공화국이 이런 원치 않는 손님을 맞이해야 했다.

모든 정부는 메뚜기 무리의 습격에서 발생하는 막대한 재정적 부담과 대규모 농작물 손실을 가능하면 피하고 싶어 한다. 그러자면 이를 유발하는 원인에 대해 더 많은 연구가 진행되어야 한다. 1980년대 중반에 영국 옥스퍼드대학교에서 박사후 연구원으로 일하던 스티븐 심슨은 유엔의 자금 지원을 받아 북아프리카로 날아가서 엄청난 수의 파괴적인 메뚜기 떼에 관해 연구했다. 수십 년 동안 쓰이던 살충제 디엘드린이 막 금지될 무렵이었다. 심슨은 다시 연구실로 돌아와 메뚜기 몇 마리를 소규모 무리로 묶어두고, 이 곤충이 집단생활을 하도록 전환시키는 요인이 무엇인지 조사하기 시작했다. 심슨의 초기 실험은 지킬과 하이드 같은 메뚜기의 변화가 시각이나 후각이 아닌 개체 간의 물리적 접촉에 의해 발생하는 것으로 추정되는 사실을 밝혀내는 것이었다. 무리 안에서 서로 밀치고 밀리는 혼잡한 상황을 재현하고자 그는 평범한 페인트 붓을 사용해 메뚜기의 다리를 간지럽혔고(어느 정도의 정교한 행동 분석이 뒤따랐다), 이 물리적 행동이 메뚜기의 생리적 변화를 초래한다는 사실을 확인했다. 게다가 이 변화는 불과 몇 시간 만에 일어났다. 이렇듯 변화하는 속도가 놀랄 만큼 빠르다는 사실을 알게 된 심슨과 동료들은 신경계의 전선을 다시 이리저리 잇는 것만으로는 충분하지 않다는 것을 깨달았다. 몸을 밀치는 물리적 자극이 화학물질을 방출해 기존 신경의 연결 강도를 변화시켰던 것이다. 그것은 인간 세계에서 우리가 잘 아는 화학물질인 세로토닌이었다. 세로토닌은 우리 인체에서 학습, 기분, 수면, 배고픔에 영향을 미친다. 심슨에 따르면 평소 혼자 있기를 좋아하는 독거성 개체가 성격이 크게 바뀌어 다른 개체를 만나게

바퀴벌레의 신경

되면 이들은 서로를 찾아 뭉치기 시작할 뿐 아니라 성체의 경우는 커다란 날개를 발달시켜 이주하는 무리에 합류할 수도 있다고 한다. 이른바 환경의 변화에 따라 여러 종류(이 경우에는 두 가지)의 서로 다른 표현형이 발생하는 일종의 '다면발현(多面發現)'이다. 심지어 이 곤충의 약충은 몸의 색깔도 다른데, 독거성 형태는 주변 식물에 섞여들기 위해 보다 초록색을 띤다.

정리하면, 반사회적인 메뚜기를 무리 짓는 곤충 떼로 변모시킨 신경계의 변화는, 인간의 행동과 상호작용에 영향을 미

사막메뚜기 약충의 군서성(群棲性) 형태(왼쪽)와 독거성(獨居性) 형태(오른쪽).

치는 화학물질이기도 한 세로토닌의 방출에 달렸다. 이렇듯 엄청난 파티 호르몬인 세로토닌(5-하이드록시트립타민[5-HT])은 기분 조절부터 구토까지 다양한 기능에 관여하며, 여러분으로 하여금 분위기를 맞추게 하고 다음 날 많은 일들을 처리하게 만든다. 심슨과 동료들은 2009년 〈사이언스〉에 발표한 논문을 통해 집단화가 발생했을 때 세로토닌이 상당히, 하지만 비교적 짧은 시간 동안(24시간 미만) 증가했다고 보고했다. 즉 연구진은 집단화를 일으키고 유지하는 데 모두 세로토닌이 필요하다는 사실을 발견했다. 평소 혼자 지내던 반사회적 곤충이 거대한 무리를 짓게 하는 그 화학물질과 똑같은 것이 우리 뇌에서도 발견된다는 사실이 놀랍다. 심슨은 신경 화학물질이 신경계에 미치는 영향이 "우리의 생물학에 대한 이해를 완전히 뒤바꿔놓았다"고 말한다. 그는 추가 연구를 통해 메뚜기 특유의 세부 사항을 더 밝혀내어 앞으로는 이런 대규모 무리 짓기를 예방할 수 있으리라 기대한다. 세로토닌의 수치를 조절하는 '프로작' 같은 약물이 먹성 좋은 곤충에게도 인간과 비슷한 영향을 줄 수 있을까? 메뚜기를 떼 짓게 하는 데 세로토닌이 효과가 있다는 점이 우리 인간의 군중 행동에 대해 무언가 시사하는 점이 있을까?

샤러는 바퀴벌레를 지하실에서 실험실로 데려왔고, 동물계 전반에 공통된 화학적 과정을 통해 이 곤충이 얼마나 대단한 적응력을 가졌는지 우리에게 보여주었다. 이 성과는 우리 인간 세계에 대한 더 많은 발견으로 이어지면서, 바퀴벌레를 비롯한 지구상 모든 동물이 우리와 의외로 공통점이 많다는 사실을 상기시켰다.

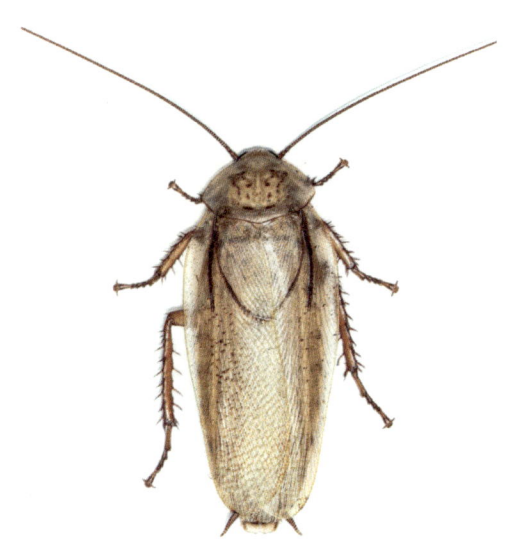

맺음말

지구라는 행성을 지배하는 동물들을 어떤 방식으로 탐구하든 간에, 그들은 우리에게 놀라움과 영감을 선사한다. 수천 년 동안 우리는 동물에 이름 붙이고 그들의 행동을 연구했으며, 이를 바탕으로 귀중한 과학적 성과를 꾸준히 이어갔다. 이 성과들은 처음 설명되었을 때부터 지금까지 우리에게 영감을 주고 있다. 하지만 곤충의 경우 연구 대상으로 삼은 종이 얼마 없었다. 그나마 환상적인 종에 집착한 여러 연구자가 있긴 했으나 거의 인정받지 못했다. 이들 중 몇몇은 연구 주제 때문에 무시나 조롱을 당해야 했다. 다행히도 이후 인식이 바뀐 덕분에 최근에는 많은 과학자들이 의학과 우주여행, 패션에 이르기까

맺음말

지 자연 세계로부터 영감을 얻기 위해 노력하고 있다. 특히 초소형 전자공학 연구자, 시스템 엔지니어, 생물학자들은 우리와 지구를 공유하는 '조그만 형제들'로부터 배울 점이 많다.

그렇다면 이제 다음 단계는 무엇일까? 한번 상상해보자. 얼마나 많은 곤충이 우리 삶을 둘러싸고 있을까? 또 그들이 지닌 놀라운 속임수는 어떤 게 있을까? 파리매(robberfly)를 예로 들어보자. 이들이 속한 과(파리매과)에서 오늘날까지 8,100종이 넘는 곤충이 발견되었고 이들은 다들 매우 특별하다. 왜냐하면 이 강력한 포식자들은 놀라운 정확성과 효율성으로 먹이를 사냥하는 무기와 적응력을 갖췄기 때문이다. 이 파리가 가진 독은 그동안 과학자들도 알지 못한 독극물 중 하나로, 이제 막 연구가 시작되었다(그래서 '암살자 파리'라고도 불린다!).

우리에게 좀 더 알려진 벌목의 독과 달리 파리의 독은 여러 차례 독립적으로 진화했기에 과학계에는 아직 잘 알려지지 않았다. 이 파리 과의 이름은 현재까지 15개에 달하는 아실리딘(Asilidin) 단백질 계열의 독 단백질 이름을 짓는 데 영감을 주기도 했다. 이들 독이 매우 공격적인 먹잇감의 몸(말벌, 거미, 침노린재처럼 매우 위험한 종들을 포함해)에 퍼지는 놀랄 만큼 빠른 속도는 마취과 의사들이 새롭게 눈독을 들일 만하다. 그리고 이런 활발한 먹잇감을 성공적으로 사냥하기 위해 몸집이 매우 작은 종들도 깜짝 놀랄 만큼 좋은 시력을 진화시켰다.

작은 정복자들

살짝 긴장한 저자의 손에 아주 무서운 독을 품은
파리매과의 한 종인 *Asilus crabroniformis* (Linnaeus, 1758) 한 마리가 앉아 있다.

　파리매과 중에서도 *Holcocephala* Say, 1823속에는 모기보다 몸집이 작은 종들이 포함되어 있다. 나는 온두라스에서 이 종들을 발견하고는 이 곤충이 자기보다 큰 먹이를 종종 사냥하는 모습을 지켜봤다. 파리의(그리고 다른 모든 곤충의) 눈은 여러 낱눈으로 이루어졌는데 이것은 기본적으로 개별적인 시각 단위이다. 낱눈이 몇 개나 되는지는 종에 따라 다르며 0개에서 3만 6,000여 개(잠자리의 경우)에 이른다. 파리매는 낱눈이 그렇게 많지 않은데, 우리가 주변에서 흔히 보는 잠자리보다 몸이 10배 정도는 작기 때문이다. 그래서 파리매는 일종의 '줌 렌즈'

맺음말

를 개발했다! 이들의 눈 중앙은 매우 중요한 빛 수용체 세포들과 함께(사진을 찍을 때 가장 중요한 '플래시'를 제공하는) 커다란 수정체들이 집중되어 있다. 몸길이가 6밀리미터 정도인 이 곤충은 0.5미터 거리에서도 매우 정확히 볼 수 있으며, 먹잇감으로부터 30센티미터 앞까지 돌진해서 목표물을 추격하고 놀라운 정확도로 공격한다. 이를테면 사람인 내가 1킬로미터 거리에 있는 목표물을 발견하고 잡으러 가는 것과 같다. 이렇게 작고 가벼우면서도 믿을 수 없을 만큼 정확한 거리를 측정하는 기계를 어떻게 하면 개발할 수 있을까? 우리는 여전히 작고 경이로운 곤충에게 배울 점이 무궁무진하다.

    이렇게 이 책은 마무리를 짓지만, 이건 끝이 아니다. 지구상의 '동료' 주민들을 이해하는 하나의 중간 단계일 뿐이다. 마치 탈피를 거듭해 성장하는 곤충처럼 말이다. 다음에는 딱정벌레의 발, 꽃등에의 비행, 애벌레의 배설물이 우리를 다시 흥분시킬지도 모른다. 곤충이 세상을 변화시킨 역사를 톺아보다 보면 아무도 예상하지 못한 돌파구가 곳곳에 흩어져 있는데, 자신의 분야를 넘어서 사고하는 상상력과 재능을 지닌 과학자들이 있는 한 곤충들은 우리에게 끊임없이 영감을 줄 것이다.

감사의 말

수많은 곤충학자, 역사학자, 사서, 엔지니어, 의료계 종사자들의 도움이 없었다면 이 책은 결코 완성하지 못했을 것이다. 이들이 기꺼이 시간을 내어 BBC 라디오 4의 〈곤충의 변태(Metamorphosis)〉 시리즈에 귀중한 자료를 제공해주었고, 이를 바탕으로 이 책이 점점 완성되었다. 특히 피터 애들러, 게일 앤더슨, 맥스 바클레이, 샤밀라 바타차리아, 세라 버그브레이터, 라르스 치트카, 매슈 콥, 짐 엔더스비, 마르탱 지우르파, 마틴 홀, 안드레아 하트, 크리스 하셀, 패럴 헬블링, 크리스티 키익, 제프 커크우드, 이언 키칭, 카린 키언스모, 리처드 레인, 던컨 미첼, 스테퍼니 모어, 앤드루 파커, 메리 실리, 스티븐 심슨, 조지

감사의 말

스테파노, 그레그 서턴, 제프 톰벌린, 그레이스 투젤, 카타리나 웅거, 대니얼 마틴 베가, 데이비드 워터하우스, 도널드 웨버, 키어런 휘태커에게 감사의 인사를 전하고 싶다. 그리고 진정으로 영감을 준 수많은 곤충들에게도 고맙다.

나에게 조언과 함께 뛰어난 문장력으로 도움을 준(그리고 진을 제공해준) 런던 자연사 박물관의 출판 부서와 파리목 부서 팀원들, 그리고 글을 쓰는 사이사이에 경외심을 불러일으킬 만큼 많은 요구를 하면서 포옹과 산책을 함께한 알피, 래그스, 루비에게 감사를 보낸다.

더 읽을거리

1장 점프하는 벼룩의 다리

Bergbreiter, S. et al. (2018), The principles of cascading power limits in small, fast biological and engineered systems. *Science*, 360 (6387).

Hopkins, G.H.E. and Rothschild, M. (1954), Rothchild Collection of Fleas. *Nature*, 173: 1204–6.

Kiick, K.L. et al. (2013), Resilin based hybrid hydrogels for cardiovascular tissue engineering. *Macromol. Chem. Phys.*, 214(2): 203–213.

Rothschild, M. (1964), Breeding of the rabbit flea (*Spilopsyllus cuniculi* (Dale)) controlled by the reproductive hormones of the host. *Nature*, 201: 103–104.

Sutton, G. and Burrows, M. (2011), Biomechanics of jumping in the flea. *J. Exp. Biol.*, 214(5): 836–847.

Tihelka, E. et al. (2020), Fleas are parasitic scorpionflies. *Palaeoentomology*, 3(6): 641–653.

2장 힘센 주둥이

Arditti, J., Elliot, J., Kitching, I.J. and Wasserthal, L.T. (2012), 'Good Heavens what insect can suck it' – Charles Darwin, *Angraecum sesquipedale* and *Xanthopan morganii praedicta*. *Bot. J. Linn.*, 169: 403–432.

Brożek, J. et al. (2015), The structure of extremely long mouthparts in the aphid genus *Stomaphis* Walker (Hemiptera: Sternorrhyncha: Aphididae). *Zoomorphology*, 134(3): 431–445.

Comparative Biomechanics and Evolution of Hawk Moth Proboscises https://cecas.clemson.edu/kornevlab/projects/

Endersby, J. (2010), *Imperial Nature: Joseph Hooker and the Practices of Victorian Science*.

더 읽을거리

University of Chicago Press.
Endersby, J. (2016), *Orchid – A Cultural History*. University of Chicago Press.
Kornev, K., Monaenkova, D., Adler, P., Beard, C.E., and Lee, W.K. (2016), Butterfly proboscis as a fiberbased self-cleaning micro fluidic system. *Proc. SPIE*, 9797, p.979705.
Nishimotoab, S. and Bhushan, B. (2013), Bioinspired self-cleaning surfaces with superhydrophobicity, superoleophobicity, and superhydrophilicity. *RSC Adv.*, issue 3.
Pauw, A. et al. (2009), Flies and flowers in Darwin's race. *Evolution*, 63(1). *The Correspondence of Charles Darwin*, Vol. 10. Darwin Correspondence Project. https://www.darwinproject.ac.uk/about/publications/correspondence-charles-darwin.
Tonhasca, A. (2022), *Sticky Contrivances*. WordPress blog.
Wallace, A.R. (1867), *Creation by Law*. http://people.wku.edu/charles.smith/wallace/S140.htm.
Willis, K. and Fry, C. (2013), *Plants from Roots to Riches*. John Murray.

3장 노랑초파리

Anderson, D. and Brenner, S. (2008), Obituary Seymour Benzer. *Nature*, 451: 139.
Davenport, C.B. (1941), The early history of research with *Drosophila*. *Science*, Mar 28; 93(2413): 305 – 306.
Endersby, J. (2007), *A Guinea Pig's History of Biology*. Harvard University Press.
Greenspan, R.J. (1997), *Fly Pushing: The Theory and Practice of Drosophila Genetics*. Cold Spring Harbor Press.
Keller, A. (2007), *Drosophila melanogaster's history as a human commensal*. *Curr. Biol.*, 17(3), R77 – R81.
스테퍼니 엘리자베스 모어 지음, 이한음 옮김, 《초파리를 알면 유전자가 보인다》, 까치, 2018년.
Moore, M. et al. (1998), Ethanol intoxication in *Drosophila*: genetic and pharmacological evidence for regulation by the cAMP signaling pathway. *Cell*, 93 (6).
Stensmyr, M. et al. (2018), *African Drosophila melanogaster are seasonal specialists on Marula fruit*. *Curr. Biol.*, Dec 17; 28(24): 3960 – 3968.

4장 변화하는 생애 주기

Cobb, M. (2002), Malpighi, Swammerdam and the colourful silkworm: replication and visual representation in early modern science. *Ann. Sci.*, 59: 111–147.

Cole, F.J. (1951), History of micro-dissection. *Proc. R. Soc. London, Ser. B*, 138: 159–187.

Hammad, M. (2018), Bees and beekeeping in Ancient Egypt. *JAAUTH*, 15(1): 1–16.

Hassall, C. (2015), Odonata as candidate macroecological barometers for global climate change. *Freshw. Sci.*, 34(3).

Jorink, M.E. (2022), *Sibylla Merian and Johannes Swammerdam Conceptual Frameworks, Observational Strategies, and Visual Techniques*. Royal Netherlands Academy of Arts and Sciences.

Redi, F. (1909), *Experiments on the Generation of Insects*. https://ia601602.us.archive.org/0/items/experimentsongen00redi/experimentsongen00redi.pdf.

Swammerdam, J. (1669), *Historia Insectorum Generalis, ofte Algemeene verhandeling van de Bloedeloose Dierkens*. Meinardus van Drevnen, Amsterdam.

5장 범인을 찾는 검정파리

Anderson, G.S. (2020), *Biological Influences on Criminal Behavior*. 2nd edition. Taylor Francis, CRC Press and Simon Fraser University Publications.

Erzinclioglu, Y.Z. (1983), The application of entomology to forensic medicine. *Med. Sci. Law*, 23(1).

Hall, M.J.R. and Martín-Vega, D. (2019), Visualization of insect metamorphosis. *Phil. Trans. R. Soc. B*, 374: 20190071.

Malainey, S.L. and Anderson, G.S. (2020), Impact of confinement in vehicle trunks on decomposition and entomological colonization of carcassess. *PLoS ONE*, 15(4): e0231207.

Martín-Vega, D. (2017), Age estimation during the blow fly intra-puparial period: a qualitative and quantitative approach using micro-computed tomography. *Int. J. Legal Med.*, 131: 1429–1448.

더 읽을거리

6장 나비의 눈부신 날개

Behrens, R.R. (2009), Revisiting Abbott Thayer: nonscientific reflections about camouflage in art, war and zoology. *Phil. Trans. R. Soc. B*, 364: 497–501.

Dugdale, J.S. (1974), Female genital configuration in the classification of Lepidoptera. *N. Z. J. Zool.*, 1:2, 127–146.

Espeland, M. et al. (2015), A comprehensive and dated phylogenomic analysis of butterflies. *Curr. Biol.*, 28 (5): 770–778.e5.

Kjernsmo, K.M. et al. (2020), Iridescence as camouflage. *Curr. Biol.*, 30: 551–555.

Shell, H.R. (2009), The crucial moment of deception: Abbott Handerson Thayer's law of protective coloration. *Cabinet Magazine*, issue 33.

Waring, S. (2015), Margaret Foutaine: A lepidopterist remembered. *Notes Rec. R. Soc.* 69: 53–68.

7장 궁극적인 재활용

De Sila, S.S. (2008), Towards understanding the impacts of the pet food industry on world fish and seafood supplies. *J. Agric. Environ. Ethics*, 21(5): 459–467.

McFadden, M.W. (1967), Soldier fly larvae in the United States North of Mexico. *Proc. U. S. Natl. Mus., Smithsonian Inst.*, 121(3569).

Smith, E.H. and Smith, J.R. (1996), Charles Valentine Riley the making of the man and his achievements. *Am. Entomol.*, 42(4).

Tomberlein, J.K. and van Huis, A. (2020), Black soldier fly from pest to 'crown jewel' of the insects as feed industry: an historical perspective. *J. Insects*, 6(1): 1–4.

Tomberlein, J.K. et al. (2009), Development of the black soldier fly (Diptera: Stratiomyidae) in relation to temperature. *Environ. Entomol.*, 38(3): 930–934.

Van Huis, A. et al. (2013), *Edible insects: Future prospects for food and feed security: FAO Forestry.* Paper 171. Food and Agriculture Organization, United Nations.

White, K.P. (2023), Food neophobia and disgust, but not hunger, predict willingness to eat insect protein. *Pers. Individ. Differ.*, Feb., vol. 202.

8장 나미브사막의 안개 수확꾼

Fernandez, J.C. et al. (2022), Optimizing fog harvesting by biomimicry. *Phys. Rev. Fluids,* 7, 033604.

Griswold, E. (1988), Obituary: Reginald Frederick Lawrence, 1897 – 1987. *J. Arachnol.,* 16(2).

Jiang, Y. et al. (2022), Coalescence-induced propulsion of droplets on a superhydrophilic wire. *Appl. Phys. Lett.,* 121(23).

Mitchell, D. et al. (2020), Fog and fauna of the Namib Desert: past and future. *Ecosphere,* 11(1).

Seely, M.K. (1979), Irregular fog as a water source for desert dune beetles. *Oecologia,* 42: 213 – 227.

9장 꿀벌의 지능

Bridges, A., Chittka, L. et al. (2023), Bumblebees acquire alternative puzzlebox solutions via social learning. *PLoS Bio.,* 21(3): e3002019.

Chittka, L. and Rossi, N. (2022), Social cognition in insects. *Trends Cogn.,* 26(7). 라스 치트카 지음, 고형석 옮김, 《벌의 마음》, 형주, 2025년.

Giurfa, M. et al. (2021), Charles Henry Turner and the cognitive behaviour of bees. *Apidologie,* 52: 684 – 695.

Jafferis, N., Helbling, E.F. et al. (2019), Untethered flight of an insect-sized flapping-wing microscale aerial vehicle. *Nature,* 570(7762).

Turner, C.H. (1911), Experiments on pattern-vision of the honey-bee. *Biol. Bull.,* 21(5): 249 – 264.

10장 바퀴벌레의 신경

Pupura, D.P. (1998), *Berta V. Scharrer.* National Academies Press, vol. 74: 289 – 308.

Scharrer, B. (1951), The Woodroach. *SciAm.,* 186(6): 58 – 63.

Scharrer, B. (1992). *The Concept of Neurosecretion and Its Place in Neurobiology.* In:

더 읽을거리

Worden, F.G., Swazey, J.P. and Adelman, G. (eds), *The Neurosciences: Paths of Discovery*. I. Birkhäuser Boston.

Sendi, H. (2020), Nocticolid cockroaches are the only known dinosaur age cave survivors. *Gondwana Res.*, 82: 288–298.

Simpson, S.J. et al. (2009), Serotonin mediates behavioral gregarization underlying swarm formation in desert locusts. *Science*, 323(5914): 627–630.

Smith, D.B. et al. (2016), Exploring miniature insect brains using micro-CT scanning techniques. *Sci. Rep.*, 6, 21768.

Turner, C.H. (1912), Behaviour of the Common Roach (*Periplaneta orientalis* L.) on an open maze. *J. Univ. Chicago,* 348–365. https://www.journals.uchicago.edu/doi/pdf/10.1086/BBLv25n6p348.

찾아보기

ㄱ

가스파드 바우힌 14
각다귀 13, 211, 212
개미 13, 291, 294
거시 생태 지표 144
거저리과 246, 251~255, 257
검정파리(과) 116, 149~153, 156, 157, 159, 160, 165, 169, 171, 172
게놈 105
게일 앤더슨 162, 164, 165, 168, 169, 173
고바베브 나미브 연구소 251
고속 촬영(사진) 47, 49, 50
고슴도치벼룩 50
고양이벼룩 30
'공부 책(Studienbuch)' 134, 137, 139
공자(孔子) 61
공진화(共進化) 72, 79
공포증(음식) 235~237
구더기 26, 91, 97, 116, 119, 121~123, 142, 149, 150, 157, 158, 164~169, 199, 214, 229
구조색(structural color) 191, 193, 200, 203, 207~209
규철 케네스 박 260, 261
그레고어 멘델 63, 65, 94~96, 99, 101, 103
그레그 서턴 40, 45, 50, 51
그리스(고대) 11, 13, 116, 118, 176, 269
근친교배 92, 97
기생벌 280
기준 표본 16, 18, 31, 79
기후변화 144, 240, 263, 312
꽃가루받이(수분) 9, 64, 66, 67, 71, 73, 74, 82, 85, 221, 267
꿀벌 117, 118, 212, 223, 237, 267, 268, 272~276, 280, 283, 284, 288, 291, 295, 300, 303

ㄴ

나미브사막 247, 249, 250, 253, 260, 261
나미비아 240, 248, 251, 252
나방 9, 57~61, 64, 70~77, 82~85, 117, 141, 176~179
나비목 57~59, 76, 81, 82, 117, 141, 176, 179, 181
난초 59, 61, 63~74, 84, 85
남극 대륙 61, 239, 240
내셔널트러스트 34, 36

찾아보기

너새니얼 찰스 로스차일드   30~32, 34
〈네이처〉   38, 251, 253, 256
노랑초파리   86~94, 97, 98, 101~103, 105~113, 116
노리치 캐슬 박물관   184, 185
누에   115, 124~126, 130, 132, 134, 139, 237
《누에》   124~126
뉴런   295, 297, 301~303, 308, 309

ㄷ

다면발현(多面發現)   315
다양성(생물)   10, 18, 157, 218, 239, 269
다윈 난초   69, 70, 72, 74, 84, 85
대니얼 마틴 베가   171
대물림   96, 102, 103
대영박물관   75
던컨 미첼   247, 250, 254
데옥시리보핵산(DNA)   99, 109, 165
데이비드 리빙스턴   211, 212, 244~247
데이비드 워터하우스   184, 185, 189
도깨비바늘벼룩   22, 24, 25
도널드 C. 웨버   221, 223
독거성   269, 280, 282, 314, 315
독일 바퀴벌레   294
돌연변이   63, 97, 100~105, 107~109, 113
동양 바퀴벌레   294
동정(同定)   34, 57, 282

듀이 캐런   268
딱정벌레   10, 20, 117, 188, 199~201, 239, 241, 243~247, 251, 253, 262~264

ㄹ

라르스 치트카   286, 288, 290
라이어널 월터 로스차일드   73, 75~77
러시아 과학아카데미   137
런던 자연사 박물관   18, 20, 24, 34, 36, 57, 64, 65, 72, 131, 132, 141, 152, 166, 167, 169, 171, 174, 175, 182, 184, 197, 203, 211, 244, 245
레실린   40, 41, 44~47, 53
레지널드 프레더릭 로런스   248, 249, 251, 253
로담스테드 실험센터   183, 274
로마(고대)   13, 118
로버트 훅   27~29, 39, 63, 125, 128, 191, 192
로보비   288~290
로봇(공학)   10, 23, 52~54, 288~290, 297
《로스차일드 경에게》   35, 75
로스차일드 컬렉션   31, 32
로키산메뚜기   221, 223
루이 프랑수아 에티엔 베르제레   159~161
리빈팜스   233
리처드 오언   65
린네협회   15, 16, 18, 141

릴런드 스탠퍼드 48

ㅁ

마거릿 제임스 스트릭랜드 콜린스 291
마거릿 파운틴 175, 179, 181~190, 203~205
마다가스카르 68, 70, 71, 73, 76, 77
마데이라바퀴벌레 307, 308
마르첼로 말피기 124~126, 262
마르탱 지우르파 274, 275, 279
마리아 지빌라 메리안 131~135, 137~141
《마이크로그라피아》 27, 125, 191, 192
마틴 홀 152, 157, 170, 171
말벌 18, 117, 214, 225, 268~270, 272, 319
말피기관 262, 263
매슈 콥 97, 142, 301
맥스 바클레이 245, 246, 253
맬컴 버로스 50, 51
먹파리과 81
메디치 가문 코시모 3세 130
메뚜기 10, 44, 211, 212, 222, 253, 311~316
메리 K. 실리 250, 251, 254
멘델의 유전 법칙 96, 99
명명법 11, 15
모델 생물 92, 94, 102, 103, 105, 108, 262, 309
모르포나비 174, 187, 190, 191, 203, 209
무중력 112
《문두스 서브테라네우스》 119, 120
미국 자연사 박물관 93, 275
미국 항공우주국(NASA) 110, 111
미리엄 로스차일드 30, 35, 36, 38~40, 44, 47, 73, 75
미세중력 112
미셸 드 몽테뉴 270
밑들이목 26

ㅂ

바퀴벌레 10, 293~296, 306~309, 316, 317
박각시나방 58, 59, 62~64, 77, 79, 81, 82, 84
박각싯과 57, 58, 76
박기태 263
《박물지》 13
박테리아 105, 128
방어피음 195, 196, 198
벅 럭스턴 165~168
번데기 36, 82, 117, 122, 128, 129, 142, 161, 163, 164, 170~173, 199, 203~207, 226, 235
벌목 117, 269, 271, 280, 319
법곤충학(자) 151~153, 160~163, 165, 167, 173, 226
법의학 10, 84, 152, 157, 161, 162, 165, 166, 169~171, 173, 226
베르타 샤러 299~310, 316

찾아보기

변태 116, 125, 127, 131~133, 139,
　　141, 142, 160, 161, 206
보베리-서턴 염색체 이론 99
보호색(방어색) 194
봄철 지수 143
분류학(자) 11, 16, 17, 34, 77, 81,
　　137, 176, 217, 251
붉은뺨검정파리 171
〈비교 신경학 저널〉 277
비단벌레(과) 200~202
BBC 35, 49, 273
빅토리아시대 57, 61, 201

（ㅅ）

사막메뚜기 311, 315
사육 214, 216, 217, 227~229, 232, 233
〈사이언스〉 251, 277, 316
사체 농장(body farm) 168
《사체의 동물상》 161~164
사후 경과 시간(PMI) 160, 168
삼투 256, 262
색각 283, 284
색소 176, 191, 193, 206, 209
〈샌프란시스코 크로니클〉 48
생기론 298, 299
생태적 틈새 18, 142
생애 주기 142, 199
샤밀라 바타차리아 111, 112
서양뒤영벌 286, 287
성염색체 101
성충판(imaginal disc) 142

세계보건기구 260
세라 버그브레이터 52, 53
세로토닌 314, 316
《세원집록》 153~155
소수성(疏水性) 84, 257, 259
송자(宋慈) 153~156
《수리남 곤충의 변신과 기적적인 변화
　　들》《수리남 곤충의 변태》개정판)
　　132, 133, 141
수면 109, 111, 314
스모그 포집 260, 261
《스웨덴의 동물상》 176
스테퍼니 모어 88, 89, 101
스티븐 심슨 297, 300, 311, 313, 314,
　　316
시모어 벤저 106~109
식용 215, 232, 233, 235
신경 내분비(학) 301, 302, 309, 310
《신경 내분비학》 310
신경생리학 295, 301, 309
신경세포 300, 301, 308, 311
신농(神農) 11, 12
《신농본초경》 11
실험동물 88, 94, 97
CNN 41

（ㅇ）

아리스토텔레스 13, 61, 119, 123,
　　124, 127
아메리카동애등에 214~218, 223,
　　225~230, 234, 235, 237

작은 정복자들

아시아비단벌레 200, 201
아이작 뉴턴 193
아타나시우스 키르허 119, 121
아타카마사막 238, 240, 248, 259, 264, 265
아프리카계 미국인 275~277, 279, 280, 291
안개 포집 259, 261
안토니 판 레이우엔훅 128, 129
알렉산더 고우 미언스 167, 168
알렉산더 맥클레이 141
앙그라이쿰 세스퀴페달레 69, 70
애벗 핸더슨 세이어 194~200, 202
앤드루 파커 203, 206~208, 256, 259
앨프리드 러셀 월리스 72~74, 96, 197, 241
얀 스바메르담 123~125, 127~131, 141, 142
얀 후다르트 127, 139
양봉꿀벌 117, 272
어리재니등에과 79
에드워드 제임스 마이브리지 48
에르빈 슈뢰딩거 107
에른스트 샤러 300~303, 305, 306, 309, 310
에릭 루시 49
엔토사이클 213, 214, 229
엘리자베스 패럴 헬블링 288~290
열대쥐벼룩 39, 42, 43
염색체 98~104, 113
《영국과 외국의 난초에서 곤충에 의해 수분이 이루어지기 위한 다양한 장치, 그리고 이종교배의 바람직한 결과들》(일명 '난초 책') 64, 65, 85
옷을 입은 벼룩 31, 33
완보동물 44
완전변태 116, 117, 127, 142, 150
왕립학회(런던) 36, 124, 125
요하네스 존스턴 134~136, 138
월터 스탠버러 서턴 99
위장(僞裝) 176, 195, 198~200, 202
유럽갈고리나비 143
유엔 식량농업기구(FAO) 213, 235
유전학 10, 87, 90, 96, 97, 99, 101~103, 107
이명법(二名法) 15, 16
이문아목(二門亞目) 177
이언 키칭 58, 61
이질바퀴(미국 바퀴벌레) 294, 306
이집트(고대) 117, 118, 148, 269
인간 친화성 종 89
일주기 리듬 108, 109
일차 유형 표본 17, 18

ㅈ

《자연 속 변태》 127, 139
《자연사》 134~136, 138
자연선택설(다윈) 63, 71, 85, 96, 241
《자연의 체계》 15, 157~160
잠자리 23, 143, 144, 320
장 피에르 메냉 161~164
재니등에 8, 16
점액종증 38
제시카 웨어 275~278, 291

찾아보기

제임스 베이트먼 67, 68, 70, 71
제임스 에드워드 스미스 15
제임스 쿡 18
제임스 페티버 18, 20
제임스 페티버 컬렉션 20, 21
제프 톰벌린 226~228
조지 존 로마네스 286
조지프 뱅크스 15, 18
《종의 기원》 63, 65, 73, 96, 197
중력 41, 44, 82, 112
지구온난화 261
진사회성 271, 272
진화론(다윈) 71, 96, 100
짐 엔더스비 63, 94
집파리 217, 225, 226, 289

ㅊ

차라카(Charaka) 12
찰스 다윈 61, 63~74, 76, 77, 84, 85, 96, 197, 223, 241~243, 275
찰스 발렌타인 라일리 218~224
찰스 우드워스 92
찰스 코흐 251
찰스 헨리 터너 275~286, 291, 295
《초파리를 알면 유전자가 보인다》 89
친수성(親水性) 84, 256, 257, 259

ㅋ

카네기 자연사 박물관 77, 79

카를 폰 프리슈 283, 284, 300
카린 키언스모 199, 200, 202, 203, 209
카모랩(CamoLab) 199
카타리나 웅거 233, 235
칼 린네 14~18, 125, 157, 159, 160, 176, 217
컴퓨터단층촬영(CT) 170~172
케이틀린 화이트 236
콘스탄틴 (코스챠) 코르네프 81, 83, 84
큐 왕립 식물원 70
크리미(krimi) 13
크리스 하셀 143, 144
크리스티 키익 46
크산토판박각시나방 77~80, 84, 85
키어런 휘태커 213~215, 229, 230
키타스(kitas) 13

ㅌ

테오도어 보베리 99
테오프라스토스 61
테오필드 보르되 298, 299
토끼벼룩 38
토머스 영 193
토머스 헌트 모건 93, 94, 96~103, 113
토켈 바이스-포그 44
톡토키 251, 252
트링 자연사 박물관 31, 75

ⓟ

파리목   26, 81, 91, 117, 150, 152
〈펀치〉   201, 202
푸른꼬리실잠자리   144, 145
프라스(배설물)   226, 232
프란체스코 레디   121~123
플리니우스   13
피터 애들러   81, 83, 84
피필리카스(pipilicas)   13

ⓗ

하인리히 에른스트 '칼' 조던   76, 77
한스 슬론   180
해부학   124, 125, 127, 131, 163, 303, 310
해충   54, 91, 211, 218, 221, 223, 306
헨리 베넷-클라크   44, 45, 49, 50
헨리 존 엘웨스   181, 182
현미경   24~26, 52, 107, 119, 121, 124, 128, 129, 191, 200
후각   151, 274, 284, 313
휴 B. 코트   198, 199
휴고 드 브리스   97, 100, 102
흰개미   291, 294

사진 출처

8쪽: ⓒRadu Bercan/Shutterstock.
12쪽: ⓒShanghai Museum, Public domain, via Wikimedia Commons.
16쪽, 250쪽, 252쪽, 320쪽: ⓒErica McAlister.
42~43쪽: ⓒRothschild, Miriam Louisa and Schlein, J. 1975, The jumping mechanism of Xenopsylla Cheopis I. Exoskeletal structures and musculature, Phil. Trans. R. Soc. Lond. B271457-490.
51쪽: ⓒFrom Dear Lord Rothschild by Miriam Rothschild, Balaban Publishers, 1983.
52쪽: ⓒSathvik Divi.
56쪽: ⓒMartin Fowler/Shutterstock.
60쪽: ⓒAlessandro Guisti.
62쪽: ⓒSanderMeertinsPhotography/Shutterstock.
66쪽: ⓒUniversity of Connecticut Libraries/Biodiversity Heritage Library.
68~69쪽: ⓒMissouri Botanical Garden, Peter H. Raven Library/Biodiversity Heritage Library.
74쪽: ⓒCambridge University Library.
79쪽: ⓒCarnegie Museum of Natural History.
83쪽: ⓒEye of Science/Science Photo Library.
86쪽, 110쪽: ⓒNASA/Dominic Hart.
88쪽: ⓒFloris van Breugel/naturepl.com.
90쪽: ⓒRobert Cudmore/Flickr.
93쪽: ⓒAmerican Philisophical Society.
95쪽: ⓒMendel's notes from an experiment, copy. Moravian Museum, Department of the History of Biological Sciences, Mendel collection inv. no. 125.
98쪽: ⓒSolvin Zankl/naturepl.com.
102쪽: ⓒMartin Shields/Science Photo Library.
106쪽: Harris WA, CC BY 2.5 via Wikimedia Commons.
114쪽: Great Peacock Moth Saturnia pyri [Denis & Schiffermüller], 1775 via Wikime-

dia Commons.
118쪽: ⓒFrom The Tears of Re: beekeeping in Ancient Egypt by Gene Kritsky, 2015.
120쪽: ⓒBoston College Libraries/Biodiversity Heritage Library.
126쪽: ⓒCourtesy of The Linda Hall Library of Science, Engineering & Technology.
129쪽, 163~164쪽: ⓒWellcome Collection, London.
133쪽, 135~136쪽: ⓒSmithsonian Libraries and Archives/Biodiversity Heritage Library.
139쪽: Maria Sibylla Merian, Public domain, via Wikimedia Commons.
145쪽: ⓒCharles J. Sharp, CC BY-SA 3.0, via Wikimedia Commons.
146쪽, 149쪽: ⓒRheinisches Bildarchiv Cologne, rba_c002340.
152쪽: ⓒStephen Dalton/naturepl.com.
154~155쪽: Wolfgang Michel, Public domain, via Wikimedia Commons.
158쪽: ⓒFrom Benecke, Mark, 'A brief survey of the history of forensic entomology.' (2008).
159쪽: ⓒHarvard University Botany Libraries/Biodiversity Heritage Library.
186~189쪽: ⓒNorfolk Museum.
192쪽: ⓒHarold B. Lee Library/Biodiversity Heritage Library.
196쪽: Abbot Thayer, Public domain, via Wikimedia Commons.
201쪽: ⓒ Pornanun K/Shutterstock.
202쪽: ⓒUniversity of Southampton Library.
206쪽: ⓒKurit afshen/Shutterstock.
209쪽: ⓒantonwatts for Lexus.
215쪽: ⓒ Wirestock Creators/Shutterstock.
218쪽: User Alcinoe on en.wikipedia, Public domain, via Wikimedia Commons.
220쪽: ⓒSpecial Collections, USDA National Agricultural Library.
224쪽: ⓒNCSU Libraries/Biodiversity Heritage Library.
230~231쪽: ⓒCasey A. Flint.
234쪽: ⓒLivin Farms.
238쪽: ⓒPositiveTravelArt/Shutterstock.
242~243쪽: ⓒUniversity of Cambridge.
255쪽: ⓒMuséum de Toulouse, CC BY-SA 4.0, via Wikimedia Commons.
259쪽: ⓒFernández-Toledano, Juan & Fagniart, C. & Conti, G. & De Coninck, Joel & Dunlop, F. & Huillet, Thierry. (2022). Optimizing fog harvesting by biomimicry.

사진 출처

264쪽: ©Pak Kitae, South Korea.
266쪽: ©Kim Taylor/naturepl.com.
271쪽: From Ouderdom, buyten-leven, en Hof-gedachten op sorg-vliet.
272쪽: © Daniel Prudek/Shutterstock.
276쪽: Unknown photographer, Public domain, via Wikimedia Commons.
281쪽: ©MBLWHOI Library/Biodiversity Heritage Library.
287쪽: ©Olli Loukola.
289쪽: ©Courtesy of Wyss Institute at Harvard University.
292쪽: ©Endless Luck/Shutterstock.
296쪽: ©Hemen Sendi, Peter Vršanský, Lenka Podstrelená, Jan Hinkelman, Tatiana Kúdelová, Matúš Kúdela, Ľubomír Vidlička, Xiaoyin Ren, Donald L.J. Quicke, Nocticolid cockroaches are the only known dinosaur age cave survivors, Gondwana Research, Vol 82, 2020, pp. 288-298.
298쪽: Unknown author Felibrige, Public domain, via Wikimedia Commons.
304쪽: (top) ©Jeffdelonge, CC BY-SA 3.0 〈https://creativecommons.org/licenses/by-sa/3.0〉, via Wikimedia Commons. (Bottom) ©Alexander Semenov/Flickr.
308~309쪽: ©Martinho Girao Marques.
314~315쪽: ©Brandon Woo.

※ 여기에 별도로 명시하지 않은 사진은 런던 자연사 박물관 신탁 관리인의 이미지 저작권임을 밝힙니다.

작은 정복자들

농업부터 인공지능까지,
세상을 움직이는 곤충의 놀라운 변신

지은이 에리카 맥앨리스터
　　　　에이드리언 워시번
옮긴이 김아림

1판 1쇄 펴냄 2025년 11월 12일

펴낸곳 곰출판
출판신고 2014년 10월 13일 제2025-000148호
전자우편 book@gombooks.com
전화 070-8285-5829
팩스 02-6305-5829

종이 영은페이퍼
제작 우담프린팅

ISBN 979-11-89327-47-7 03490